日本産コガネムシ上科図説

第3巻 食葉群 II

コガネムシ研究会 監修

小林 裕和・松本 武 著

Atlas of Japanese Scarabaeoidea
Vol.3 Phytophagous group II

Editorial Supervisor : The Japanese Society of Scarabaeoideans
Authors : Hirokazu KOBAYASHI and Takeshi MATSUMOTO

February, 2011 by Roppon-Ashi Entomological Books (Tokyo, JAPAN)

昆虫文献 六本脚

中表紙「闇夜に飛び立つケブカコフキコガネ」(Pascal Stefani 画)

序

　2007年11月に「日本産コガネムシ上科図説 第2巻 食葉群I」が出版されてから3年余りの時間が経過してしまった．しかし，ようやくここにその続編にあたるコフキコガネ亜科に属する131種13亜種全ての種を掲載した第3巻を完成することができた．

　わが国に分布する食葉性のコガネムシの中でもコフキコガネ類は形状や色彩も派手なものは少なく，しかも種類数が多い割には似通った種類が少なくない．このようなことから，同定もしにくく一般には馴染めないグループと思われ敬遠されがちな面を持っていたとも言えるだろう．しかし，各地で採集される個体をじっくりと眺めると，個体の変異に留まらず地域による変異もあり，また特定の地域にしか見られないグループも少なくないことが分かる．そして，地域ごとに採集された個体や種類を比べてみるとかなり面白いグループであることが分かってもらえるはずである．けれども過去にはこのグループの全体を解説した図鑑などはなかったことから，一部の愛好者からは全ての種を網羅し，それを分かり易く解説した図鑑の出版が待望されていたことも事実である．

　今回，本書の製作のために全国の同好者から多くの資料の提供を受けることができたことに心から感謝したい．その結果，予想外の新種が発見されて命名を行ったり，種の位置づけを変更するなどの作業に多くの時間が割かれたこともあって，出版までに時間がかかってしまった．けれども，今までにはなかった図鑑が出来上がり，これまでは種を確定することができなかった標本も同定できるようになることで，このグループへの魅力を感じてもらえればと期待している．しかし，コフキコガネ類は，一部の種類を除いて多くの種類は生態的な面では分からないことが数多く残っている．これからは，そのような分野でも興味をもって取り組んでいこうとする愛好者が現れることを願っている．

　いずれにせよ，本図鑑が完成したことでこのグループに興味を持つ愛好者が増えることになれば，著者として望外の喜びである．

2010年12月　著者一同

謝　辞

　本書は，コガネムシ研究会の会員をはじめ数多くの同好の方々のご援助によって上梓することができた．写真撮影に際しては，著者らの面倒な要望に対して誠実に応え，細部にわたるご助言をいただき，素晴らしい図版を完成させてくださった川井信矢氏に深謝したい．写真撮影以外の分野では，標本や文献のご提供やご貸与，情報のご提供など様々な形で多くの方々からのご支援が必要であった．これらの方々からの御好意をいただくことによって初めてこの図説を完成しえたことを，我々は忘れるわけにはいかないであろう．ここにご芳名を記して，お礼の言葉とさせていただきたい．

　　足立 一夫，秋田 勝己，荒谷 邦雄，藤岡 昌介，羽田 孝吉，平井 剛夫，平沢 伴明，堀 繁久，堀口 徹，細谷 忠嗣，今坂 正一，稲田 悟司，稲垣 政志，岩田 隆太郎，常喜 豊，景山 寛司，金田 吉高，烏山 邦夫，河原 正和，河原 安孝，木野田 毅，木内 信，小旗 裕樹，近 雅博，久保田 義則，楠井 善久，益本 仁雄，松村 雅史，三宅 武，水野 弘造，望月 憲二，村本 理恵子，中川 邦隆，中田 唯文，中田 隆昭，新居 悟，西 真弘，西野 洋樹，野田 亮，越智 輝雄，太田 悠造，岡田 裕之，恩田 翔太，大坪 博文，斉藤 秀生，酒井 香，佐野 信雄，関 章弘，杉野 広一，田中 勇，田中 稔，戸田 尚希，津覇 実朗，塚田 拓，和田 薫，山屋 茂人（敬称略，アルファベット順）．

目 次　CONTENTS

- 凡例 ------ 6
- 各部位の名称（背面） ------ 8
- 各部位の名称（腹面） ------ 9
- 図解検索
  - 1. コフキコガネ亜科の族・亜族の検索 ------ 10
  - 2. クロコガネ亜族の属の検索 ------ 11
  - 3. コフキコガネ亜族の属の検索 ------ 12
  - 4. アシナガコガネ族の属の検索 ------ 12
  - 5. ビロウドコガネ族の属の検索 ------ 13
  - 6. ビロウドコガネ属の種の検索 ------ 14
  - 7. ヒゲナガビロウドコガネ属の種の検索 ------ 16
  - 8. チャイロコガネ属の種の検索 ------ 17
  - 9. ビロウドコガネ族の地域別同定ガイド ------ 18

本編
Superfamily SCARABAEOIDEA　コガネムシ上科
Family SCARABAEIDAE　コガネムシ科

Subfamily MELOLONTHINAE　コフキコガネ亜科
Tribe HOPLIINI　アシナガコガネ族
　Genus *Hoplia* Illiger, 1803　アシナガコガネ属
- 257. *Hoplia* (*Euchromoplia*) *communis* Waterhouse, 1875　アシナガコガネ ------ 22
- 258. *Hoplia* (*Euchromoplia*) *reinii* Heyden, 1878　ラインアシナガコガネ ------ 23
- 259. *Hoplia* (*Hoplia*) *hakonensis* Sawada, 1938　ハコネアシナガコガネ ------ 24
- 260. *Hoplia* (*Hoplia*) *moerens* Waterhouse, 1875　クロアシナガコガネ ------ 25
- 261. *Hoplia* (*Hoplia*) *shirakii* Nomura, 1959　シラキアシナガコガネ ------ 26

　Genus *Ectinohoplia* Redtenbacher, 1868　ヒメアシナガコガネ属
- 262. *Ectinohoplia gracilipes* (Lewis, 1895)　キイロアシナガコガネ ------ 27
- 263. *Ectinohoplia obducta* (Motschulsky, 1857)　ヒメアシナガコガネ ------ 28
- 264. *Ectinohoplia rufipes* (Motschulsky, 1860)　カバイロアシナガコガネ ------ 30

Tribe SERICINI　ビロウドコガネ族
　Genus *Maladera* Mulsant et Rey [1871]　ビロウドコガネ属
- 265. *Maladera* (*Maladera*) *japonica* (Motschulsky, 1860)　ビロウドコガネ ------ 31
- 266. *Maladera* (*Maladera*) *yaeyamana* Nomura, 1963　ヤエヤマビロウドコガネ ------ 32
- 267. *Maladera* (*Maladera*) *horii* H. Kobayashi, 2010　ニセヤエヤマビロウドコガネ ------ 33
- 268. *Maladera* (*Maladera*) *renardi* (Ballion, 1871)　オオビロウドコガネ ------ 34
- 269. *Maladera* (*Maladera*) *holosericea* (Scopoli, 1772)　ホソビロウドコガネ ------ 35
- 270. *Maladera* (*Maladera*) *orientalis* (Motschulsky, 1857)　ヒメビロウドコガネ ------ 36
- 271. *Maladera* (*Maladera*) *cariniceps* (Moser, 1915)　スジビロウドコガネ ------ 37
- 272. *Maladera* (*Maladera*) *oshimana* Nomura, 1962　リュウキュウビロウドコガネ ------ 38
- 273. *Maladera* (*Maladera*) *kawaii* H. Kobayashi, 2010　カワイビロウドコガネ（新称） ------ 39
- 274. *Maladera* (*Maladera*) *opima* Nomura, 1967　オオマルビロウドコガネ ------ 40
- 275. *Maladera* (*Maladera*) *ejimai* Y. Miyake et Imasaka, 1987　ダンジョビロウドコガネ ------ 41
- 276. *Maladera* (*Maladera*) *imasakai* Y. Miyake et Yamaya, 1995　ヤンバルビロウドコガネ ------ 42
- 277. *Maladera* (*Maladera*) *kunigami* H. Kobayashi, Kusui et Imasaka, 2006　クニガミビロウドコガネ ------ 43
- 278. *Maladera* (*Maladera*) *yakushimana* H. Kobayashi, Kusui et Imasaka, 2006　ヤクシマビロウドコガネ ------ 44
- 279. *Maladera* (*Maladera*) *kamiyai* (Sawada, 1937)　カミヤビロウドコガネ ------ 45
- 280. *Maladera* (*Maladera*) *amamiana* Nomura, 1959　アマミビロウドコガネ ------ 46
- 281. *Maladera* (*Maladera*) *tokunoshimana* H. Kobayashi, Kusui et Imasaka, 2006　イノカワダケビロウドコガネ ------ 47
- 282. *Maladera* (*Maladera*) *inadai* H. Kobayashi, 2010　ヒメアマミビロウドコガネ ------ 48
- 283. *Maladera* (*Maladera*) *okinawaensis* H. Kobayashi, 1978　オキナワビロウドコガネ ------ 49
- 284. *Maladera* (*Maladera*) *impressithorax* Nomura, 1973　ムナクボビロウドコガネ ------ 50
- 285. *Maladera* (*Maladera*) *okinoerabuana* H.Kobayashi, 1978　オキノエラブビロウドコガネ ------ 51
- 286. *Maladera* (*Maladera*) *kawaharai* H. Kobayashi, 2010　ウルマビロウドコガネ ------ 52
- 287. *Maladera* (*Maladera*) *kusuii* Y. Miyake, 1986　イヘヤジマビロウドコガネ ------ 53
- 288. *Maladera* (*Maladera*) *castanea* (Arrow, 1913)　アカビロウドコガネ ------ 54
- 289. *Maladera* (*Maladera*) *satoi* Nomura, 1961　トカラビロウドコガネ ------ 55
- 290. *Maladera* (*Maladera*) *secreta secreta* (Brenske, 1897)　マルガタビロウドコガネ　原名亜種 ------ 56
- 291. *Maladera* (*Eumaladera*) *nitidiceps* Nomura, 1967　チビビロウドコガネ ------ 57
- 292-1. *Maladera* (*Eumaladera*) *nitididorsis nitididorsis* Nomura, 1967　ツヤビロウドコガネ　原名亜種 ------ 58
- 292-2. *Maladera* (*Eumaladera*) *nitididorsis ootsuboi* H. Kobayashi, 2009　ツヤビロウドコガネ　徳之島亜種 ------ 59
- 293. *Maladera* (*Eumaladera*) *yonaguniensis* H. Kobayashi, Kusui et Imasaka, 2006　ヨナグニチビビロウドコガネ ------ 60

　Genus *Hoplomaladera* Nomura, 1974　ミゾビロウドコガネ属
- 294. *Hoplomaladera saitoi* H. Kobayashi, 1975　ミゾビロウドコガネ ------ 61

Genus *Gastroserica* Brenske, 1897　シマビロウドコガネ属
　　295.　*Gastroserica brevicornis* (Lewis, 1895)　コヒゲシマビロウドコガネ ------ 62
　　296.　*Gastroserica higonia* (Lewis, 1895)　ヒゴシマビロウドコガネ ------ 63

Genus *Gastromaladera* Nomura, 1973　オオシマビロウドコガネ属
　　297.　*Gastromaladera major* (Nomura, 1959)　オオシマビロウドコガネ ------ 64

Genus *Paraserica* Reitter, 1896　ハイイロビロウドコガネ属
　　298.　*Paraserica grisea* (Motschulsky, 1866)　ハイイロビロウドコガネ ------ 65

Genus *Pachyserica* Brenske, 1897　ウスグモビロウドコガネ属
　　299.　*Pachyserica yanoi* Nomura, 1959　ヤノウスグモビロウドコガネ ------ 66

Genus *Serica* MacLeay, 1819　ヒゲナガビロウドコガネ属
　　300.　*Serica pilosa* (Nomura, 1971)　ケブカビロウドコガネ ------ 67
　　301.　*Serica takagii* Sawada, 1937　ハラグロビロウドコガネ ------ 68
　　302.　*Serica nigrovariata* Lewis, 1895　クロホシビロウドコガネ ------ 69
　　303-1.　*Serica brevitarsis brevitarsis* Nomura, 1972　コヒゲナガビロウドコガネ　原名亜種 ------ 70
　　303-2.　*Serica brevitarsis rectipes* Nomura, 1972　コヒゲナガビロウドコガネ　西日本亜種 ------ 71
　　304.　*Serica incurvata* (Nomura, 1971)　アシマガリビロウドコガネ ------ 72
　　305.　*Serica yoshidai* (Nomura, 1959)　ヨシダビロウドコガネ ------ 73
　　306-1.　*Serica karafutoensis karafutoensis* Niijima et Kinoshita, 1923　エゾビロウドコガネ　原名亜種 ------ 74
　　306-2.　*Serica karafutoensis honshuensis* Nomura, 1972　エゾビロウドコガネ　本州亜種 ------ 75
　　307.　*Serica rosinae kurosawai* (Nomura, 1959)　クロサワビロウドコガネ　屋久島亜種 ------ 76
　　308.　*Serica boops* Waterhouse, 1875　ヒゲナガビロウドコガネ ------ 77
　　309.　*Serica nipponica* (Nomura, 1959)　ヤマトビロウドコガネ ------ 78
　　310.　*Serica echigoana* (Nakane et Baba, 1960)　エチゴビロウドコガネ ------ 79
　　311.　*Serica tokejii* (Nomura, 1959)　トケジビロウドコガネ ------ 80
　　312.　*Serica planifrons* Nomura, 1972　ツヤケシビロウドコガネ ------ 81
　　313-1.　*Serica nitididorsis nitididorsis* (Nomura, 1971)　ホソヒゲナガビロウドコガネ　原名亜種 ------ 82
　　313-2.　*Serica nitididorsis opacidorsis* Nomura, 1972　ホソヒゲナガビロウドコガネ　本州・四国亜種 ------ 83
　　314.　*Serica foobowana* Sawada, 1937　フウボビロウドコガネ ------ 84
　　315.　*Serica trichofemorata* (Nomura, 1959)　モモケビロウドコガネ ------ 85
　　316.　*Serica ovata* (Nomura, 1971)　マルヒゲナガビロウドコガネ ------ 86

Genus *Nipponoserica* Nomura, 1973　カバイロビロウドコガネ属
　　317.　*Nipponoserica peregrina* (Chapin, 1938)　ワタリビロウドコガネ ------ 87
　　318.　*Nipponoserica gomadana* Nomura, 1976　ゴマダンビロウドコガネ ------ 88
　　319.　*Nipponoserica daisensis* (Sawada, 1937)　ダイセンビロウドコガネ ------ 89
　　320.　*Nipponoserica pubiventris* Nomura, 1976　ハラゲビロウドコガネ ------ 90
　　321.　*Nipponoserica similis* (Lewis, 1895)　カバイロビロウドコガネ ------ 91
　　322.　*Nipponoserica kunitachiana* Nomura, 1976　クニタチビロウドコガネ ------ 92

Genus *Sericania* Motschulsky, 1860　チャイロコガネ属
　　323.　*Sericania* (*angulata*) *angulata* (Lewis, 1895)　クロチャイロコガネ ------ 93
　　324.　*Sericania* (*angulata*) *shikokuana* Nakane, 1954　シコクチャイロコガネ ------ 94
　　325.　*Sericania* (*angulata*) *ohirai* Sawada, 1960　オオヒラチャイロコガネ ------ 95
　　326.　*Sericania* (*angulata*) *kobayashii* Nomura, 1976　コバヤシチャイロコガネ ------ 96
　　327.　*Sericania* (*sachalinensis*) *sachalinensis* Matsumura, 1911　カラフトチャイロコガネ ------ 97
　　328.　*Sericania* (*sachalinensis*) *sinuata* (Lewis, 1895)　エゾチャイロコガネ ------ 98
　　329.　*Sericania* (*sachalinensis*) *hidana* Nomura, 1959　ヒダチャイロコガネ ------ 99
　　330.　*Sericania* (*sachalinensis*) *yamayai* H. Kobayashi et M. Fujioka, 2008　レンゲチャイロコガネ ------ 100
　　331.　*Sericania* (*sachalinensis*) *elongata* Nomura, 1976　ホソチャイロコガネ ------ 101
　　332.　*Sericania* (*quadrifoliata*) *quadrifoliata* (Lewis, 1895)　ヨツバクロチャイロコガネ ------ 102
　　333.　*Sericania* (*quadrifoliata*) *opaca* Nomura, 1973　イツツバクロチャイロコガネ ------ 103
　　334.　*Sericania* (*quadrifoliata*) *serripes* Nomura, 1973　スジアシクロチャイロコガネ ------ 104
　　335.　*Sericania* (*quadrifoliata*) *kirai* Sawada, 1938　キラチャイロコガネ ------ 105
　　336.　*Sericania* (*quadrifoliata*) *yamauchii* Sawada, 1938　ヤマウチチャイロコガネ ------ 106
　　337.　*Sericania* (*quadrifoliata*) *alternata* Sawada, 1938　ヒラタチャイロコガネ ------ 107
　　338.　*Sericania* (*quadrifoliata*) *miyakei* Nomura, 1960　ミヤケチャイロコガネ ------ 108
　　339.　*Sericania* (*quadrifoliata*) *awana* Nomura, 1976　アワチャイロコガネ ------ 109
　　340.　*Sericania* (*quadrifoliata*) *tohokuensis* Sawada, 1955　トウホクチャイロコガネ ------ 110
　　341.　*Sericania* (*quadrifoliata*) *chikuzensis* Sawada, 1938　チクゼンチャイロコガネ ------ 111
　　342.　*Sericania* (*quadrifoliata*) *galloisi* Niijima et Kinoshita, 1927　ガロアチャイロコガネ ------ 112
　　343.　*Sericania* (*fuscolineata*) *ohtakei* Sawada, 1955　オオタケチャイロコガネ ------ 113
　　344-1.　*Sericania* (*fuscolineata*) *mimica mimica* Lewis, 1895　ナエドコチャイロコガネ　原名亜種 ------ 114
　　344-2.　*Sericania* (*fuscolineata*) *mimica kompira* Y. Miyake et Sano, 1996　ナエドコチャイロコガネ　四国亜種 ------ 115
　　345.　*Sericania* (*fuscolineata*) *matusitai* Sawada, 1955　マツシタチャイロコガネ ------ 116
　　346.　*Sericania* (*fuscolineata*) *kadowakii* Nakane, 1983　オキチャイロコガネ ------ 117

347-1. *Sericania* (*fuscolineata*) *fuscolineata fuscolineata* (Motschulsky, 1860)　クロスジチャイロコガネ　原名亜種 ------------ 118
347-2. *Sericania* (*fuscolineata*) *fuscolineata ezoensis* Nomura, 1976　クロスジチャイロコガネ　北海道亜種 -------------------- 119
347-3. *Sericania* (*fuscolineata*) *fuscolineata minuscula* Nomura, 1976　クロスジチャイロコガネ　九州亜種 ----------------------- 120
347-4. *Sericania* (*fuscolineata*) *fuscolineata fulgida* Niijima et Kinoshita, 1927　クロスジチャイロコガネ　本州・四国亜種 --- 121
348.　*Sericania* (*fuscolineata*) *lewisi* Arrow, 1913　ルイスチャイロコガネ -- 123
349.　*Sericania* (*fuscolineata*) *marginata* Nomura, 1973　フチグロチャイロコガネ --------------------------------------- 124

Tribe DIPLOTAXINI　カンショコガネ族
　Genus *Apogonia* Kirby, 1818　カンショコガネ属
　　350.　*Apogonia amida* Lewis, 1896　ヒメカンショコガネ --- 125
　　351.　*Apogonia bicarinata* Lewis, 1896　フタスジカンショコガネ -- 126
　　352.　*Apogonia cupreoviridis* Kolbe, 1886　チョウセンカンショコガネ -- 127
　　353.　*Apogonia kamiyai* Sawada, 1940　カミヤカンショコガネ --- 128
　　354.　*Apogonia ishiharai* Sawada, 1940　イシハラカンショコガネ -- 129
　　355-1. *Apogonia major major* Waterhouse, 1875　オオカンショコガネ　原名亜種 -- 130
　　355-2. *Apogonia major bicavata* Arrow, 1913　オオカンショコガネ　奄美・沖縄亜種 ----------------------------------- 131
　　356.　*Apogonia tanigawaensis* Sawada, 1940　タニガワカンショコガネ --- 132

Tribe MELOLONTHINI　コフキコガネ族
Subtribe RHIZOTROGINA　クロコガネ亜族
　Genus *Miridiba* Reitter, 1902　クリイロコガネ属
　　357.　*Miridiba castanea* (Waterhouse, 1875)　クリイロコガネ --- 133
　　358.　*Miridiba hirsuta* T. Itoh, 2001　ヤエヤマクリイロコガネ -- 134

　Genus *Holotrichia* Hope, 1837　クロコガネ属
　　359.　*Holotrichia amamiana* (Nomura, 1964)　アマミクロコガネ -- 135
　　360.　*Holotrichia convexopyga* Moser, 1912　マルオクロコガネ -- 136
　　361.　*Holotrichia danjoensis* Y. Miyake et Imasaka, 1982　ダンジョクロコガネ ------------------------------------- 137
　　362-1. *Holotrichia loochooana loochooana* (Sawada, 1950)　リュウキュウクロコガネ　原名亜種 --------------------- 138
　　362-2. *Holotrichia loochooana okinawana* (Nomura, 1964)　リュウキュウクロコガネ　沖縄亜種 ---------------------- 139
　　363.　*Holotrichia kiotonensis* Brenske, 1894　クロコガネ --- 140
　　364.　*Holotrichia tokara* (Nakane, 1956)　トカラクロコガネ -- 141
　　365.　*Holotrichia diomphalia* (Bates, 1888)　チョウセンクロコガネ --- 142
　　366.　*Holotrichia aritai* (Nomura, 1964)　アリタクロコガネ -- 143
　　367.　*Holotrichia koraiensis* Murayama, 1937　ホクセンクロコガネ（新称） --------------------------------------- 144
　　368.　*Holotrichia parallela* (Motschulsky, 1854)　オオクロコガネ -- 145
　　369.　*Holotrichia picea* Waterhouse, 1875　コクロコガネ --- 146

　Genus *Pollaplonyx* Waterhouse, 1875　オオキイロコガネ属
　　370.　*Pollaplonyx flavidus* Waterhouse, 1875　オオキイロコガネ --- 147

　Genus *Sophrops* Fairmaire, 1887　ヒメクロコガネ属
　　371-1. *Sophrops kawadai kawadai* (Nomura, 1959)　アマミヒメクロコガネ　原名亜種 ------------------------------- 148
　　371-2. *Sophrops kawadai okinawaensis* Nomura, 1977　アマミヒメクロコガネ　沖縄亜種 ------------------------------ 149
　　372-1. *Sophrops konishii konishii* Nomura, 1970　ヤエヤマヒメクロコガネ　原名亜種 ------------------------------- 150
　　372-2. *Sophrops konishii yonaguniensis* Nomura, 1970　ヤエヤマヒメクロコガネ　与那国島亜種 ------------------- 151
　　373.　*Sophrops takatoshii* T. Itoh, [1990]　ミヤコヒメクロコガネ -- 152

　Genus *Hexataenius* Fairmaire, 1891　ヒゲナガクロコガネ属
　　374.　*Hexataenius protensus* Fairmaire, 1891　ヒゲナガクロコガネ --- 153

　Genus *Brahmina* Blanchard, [1851]　アカチャコガネ属
　　375.　*Brahmina sakishimana* Nomura, 1965　アカチャコガネ --- 154

　Genus *Heptophylla* Motschulsky, 1857　ナガチャコガネ属
　　376.　*Heptophylla picea* Motschulsky, 1857　ナガチャコガネ --- 155

　Genus *Hilyotrogus* Fairmaire, 1886　カバイロコガネ属
　　377.　*Hilyotrogus yasuii* (Nomura, 1970)　ビロウドアカチャコガネ -- 156

Subtribe MELOLONTHINA　コフキコガネ亜族
　Genus *Dasylepida* Moser, 1913　ケブカアカチャコガネ属
　　378.　*Dasylepida ishigakiensis* (Niijima et Kinoshita, 1927)　ケブカアカチャコガネ　--- 157

　Genus *Melolontha* Fabricius, 1775　コフキコガネ属
　　379.　*Melolontha* (*Melolontha*) *frater frater* Arrow, 1913　オオコフキコガネ　原名亜種　--- 158
　　380.　*Melolontha* (*Melolontha*) *japonica* Burmeister, 1855　コフキコガネ　-- 159
　　381.　*Melolontha* (*Melolontha*) *masafumii* Nomura, 1952　オキナワコフキコガネ　-- 160
　　382.　*Melolontha* (*Melolontha*) *tamina* Nomura, 1964　アマミコフキコガネ　--- 161
　　383-1.　*Melolontha* (*Melolontha*) *satsumaensis satsumaensis* Niijima et Kinoshita, 1923　サツマコフキコガネ　原名亜種　------ 162
　　383-2.　*Melolontha* (*Melolontha*) *satsumaensis shikokuana* Nomura, 1977　サツマコフキコガネ　四国亜種　--------------------- 163

　Genus *Tricholontha* Nomura, 1952　ケブカコフキコガネ属
　　384.　*Tricholontha papagena* Nomura, 1952　ケブカコフキコガネ　--- 164

　Genus *Polyphylla* Harris, 1841　ヒゲコガネ属
　　385.　*Polyphylla* (*Gynexophylla*) *laticollis laticollis* Lewis, 1887　ヒゲコガネ　原名亜種　------------------------------------- 165
　　386.　*Polyphylla* (*Granida*) *albolineata* (Motschulsky, 1861)　シロスジコガネ　-- 166
　　387.　*Polyphylla* (*Granida*) *schoenfeldti* Brenske, 1890　オキナワシロスジコガネ　--- 167

索引　INDEX
　科・亜科・族・亜族　Family, Subfamily, Tribe, Subtribe　-- 170
　属・亜属・種群　Genus, Subgenus, group　--- 171
　種・亜種　species, subspecies　-- 172
　和名索引　-- 174
分担　-- 176
著者　-- 177

凡　例

　本書は，2010年8月までに公表されたすべての種・亜種を網羅し，学名・和名は基本的に「日本産コガネムシ上科総目録」（藤岡昌介，2001）に従い，属及び種の配列は筆者らの考える類縁関係を反映させたものとした．またプレート番号は第1巻からの通しとした．

　なお，ビロウドコガネのグループでは，藤岡（2001）以降分類体系が大きく変わっており，所属・学名・和名の変更がなされているので，コガネムシ研究会会誌「KOGANE」等に発表された重要関連文献も合わせてご覧いただきたい．藤岡（2001）にあるが本書にない種名の多くは，学名・和名を索引に入れ，変更後の種名が判るよう配慮した．

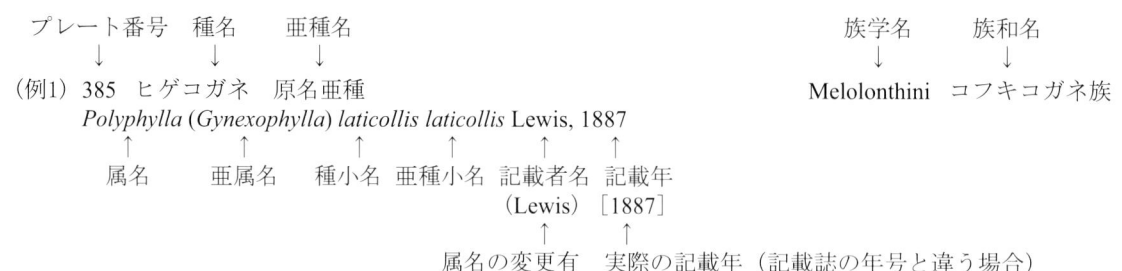

　※種群とは，亜属のようには明確に分類できないものの，同属内の似通った特徴をもつ種類を便宜的にひとまとめにしたもので，種群を代表する種類（該当する種群の中で最も古くに記載された種類）の種小名を括弧に入れ，頭文字は小文字で表記するものである．本巻では，*Sericania* 属に4種群が登場する．

〈体長〉体長は頭楯から翅端までの長さとし，著者らの確認した標本や文献等の数値の中の最大と最小を示した．ただし疑わしい値や未確認情報は除外した．

〈特徴〉形態的特徴について触れ，近似種との区別に重点をおいた．本書に掲載されている種類は個体変異の幅が大きいものが多いため，♂交尾器や色彩の変異を極力掲載した．ただし，産地名は変異がその産地の特徴と誤解を受ける可能性があるため，一部を除き明示しなかった．

〈雌雄の区別〉いくつか区別点がある場合は，最も判りやすいものを示した．

〈生態〉筆者らの野外での観察に基づいた内容を中心に，信頼性の高い私信や文献情報を加味し記述した．

〈分布〉第2巻と同様，実際の地名を文字で記入した．順番は基本的に北から南とし，記録のある島嶼はできるだけ掲載したが，紙面の都合により諸島・列島までの記述にとどめたり，一部の小島嶼では割愛したものもある．また，南西諸島の島嶼群は以下のように定義した．

　　南西諸島の島嶼群の定義：　本書では，南西諸島内の諸島・列島を以下のように定義した．南西諸島は，九州南部から台湾東部にかけて点在する諸島の総称で，北から南へ大隅諸島，トカラ列島，奄美諸島，沖縄諸島，大東諸島，宮古諸島，八重山諸島，尖閣列島と連なり，一部実際の地理的定義と異なる場合もある．

大隅諸島　南西諸島北部の島嶼群．鹿児島県に属し，種子島，屋久島，口永良部島，黒島，硫黄島，馬毛島などの島々とする．熊毛諸島もここでは同義として扱う．

トカラ列島　鹿児島県に属し，口之島，中之島，臥蛇島，平島，諏訪之瀬島，悪石島，小宝島，宝島，横当島などの島々とする．

奄美諸島　正式には「奄美群島」と称する鹿児島県南端の島嶼群．奄美大島，喜界島，加計呂麻島，与路島，請島，徳之島，沖永良部島，与論島などの島々とする．

沖縄諸島　沖縄島とその属島，慶良間諸島を含めた総称とする．沖縄島，沖縄島の属島（瀬底島，宮城島，奥武島，屋我地島，古宇利島，伊計島，浜比嘉島，平安座島，藪地島など），渡名喜島，粟国島，久米島，伊江島，伊平屋島，伊是名島，具志川島，硫黄鳥島，慶良間諸島（渡嘉敷島，座間味島，阿嘉島，慶留間島，外地島など）などの島々とする．

大東諸島　沖縄諸島の東部に位置する島嶼群．南大東島，北大東島，沖大東島の島々とする．

宮古諸島　南西諸島西部の島嶼群．沖縄諸島と八重山諸島の中間に位置し，宮古島，池間島，大神島，伊良部島，下地島，来間島，多良間島，水納島などの島々とする．

八重山諸島　南西諸島西部の島嶼群．沖縄県に属し，石垣島，竹富島，小浜島，黒島，新城島，西表島，鳩間島，由布島，波照間島，与那国島などの島々とする．

尖閣列島　八重山諸島の北方に位置する島嶼群．魚釣島，久場島，大正島，北小島，南小島などの島々とする．

　※　先島諸島は，宮古諸島・八重山諸島・尖閣列島の総称で，重複・混乱の恐れがあるため本書では使用しない．

〈発生〉成虫の野外活動期のおおまかな目安をチャートに示した．これらは環境や季節進行の変化，地域差によって変化する可能性が大きい．また本書編集時における著者らの見解である．

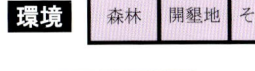

発生	1月	2月	3月	4月	5月	6月	7月	8月	9月	10月	11月	12月

〈環境〉生息環境は以下の３区分を定め，おおまかに示した．

環境	森林	開墾地	その他

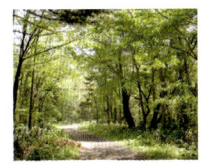

森林：　林内や林縁，比較的暗く湿潤な場所．

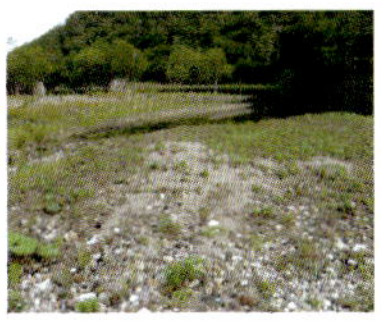

開墾地：　人家のそば，公園，河川敷などのオープンランド的環境．

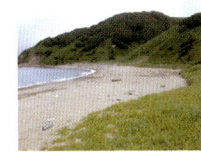

その他：　森林，開墾地を除く特殊な環境．

〈標高〉垂直分布は以下の４区分を定め，おおまかに示した．

標高	高山	中山	低山	平地

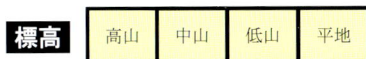

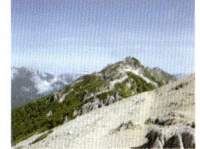

高山：　山岳地帯や高山の上部など．

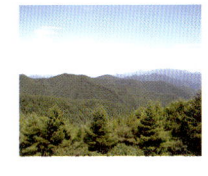

中山：　一般的な山地，高原，樹林帯，森林など．

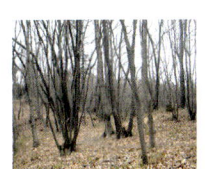

低山：　低標高の山地，山麓，丘陵，里山など．

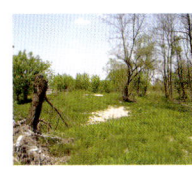

平地：　公園，雑木林，農地，河川敷など．

〈その他〉各プレート右下には，以下の情報を表示した．

87 ★★★★

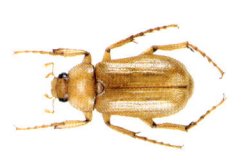

背面画像は，野外での標準的な大きさの実物大のイメージを示した．目安は体長変異幅の3分の1最大値寄り（中間値よりやや大き目）とした．

★印は本書編集時点での野外成虫の珍稀度を示した．これらは地域差や季節・気候，調査方法などによって変化するため，見つけやすさの目安程度と考えていただきたい．

★印の左端の数字は，日本産コガネムシ上科総目録の掲載ページを示した．数字のないものは目録発行後に記載または記録された種・亜種である．

★★★★★ 最 稀 種：通常の方法では滅多に発見されない種．絶滅危惧種の場合もあるが生態不明の場合が多い．
★★★★ 稀　　種：あまり発見されないが，調査方法や場所・時期によってはある程度得られる場合がある種．
★★★ 準 稀 種：発見は比較的容易であるが，場所や時期によっては少ないこともある種．
★★ 普 通 種：生息地ではどこでも見られ，発見の容易な種．
★ 最普通種：生息地では最優占種で，極めて数の多い種．

〈検索表〉日本産コガネムシ科の食葉群は8亜科に分かれ，本巻の対象はコフキコガネ亜科のみのため，残りの7亜科と上位の検索は1～2巻の図解検索を参照されたい．本巻の図解検索は，コフキコガネ亜科の族・亜族への検索と族・亜族から属への検索を基本として作成，また特に分類の難しいとされるビロウドコガネ族については，主要な3属（*Maladera*属・*Serica*属・*Sericania*属）について種までの検索を作成した．さらに，ビロウドコガネ族の地域別同定ガイドとして，日本を6地域に区分し，それぞれの地域に分布するビロウドコガネ族を実物大画像で表示し，特徴別にグルーピングすることで，種の絞込みを容易にした．なお，検索では図解に適した判り易い特徴を取り上げたが，日本産を機械的に区別することを主眼としているため，海外種では適用できない場合がある．

各部位の名称（背面）

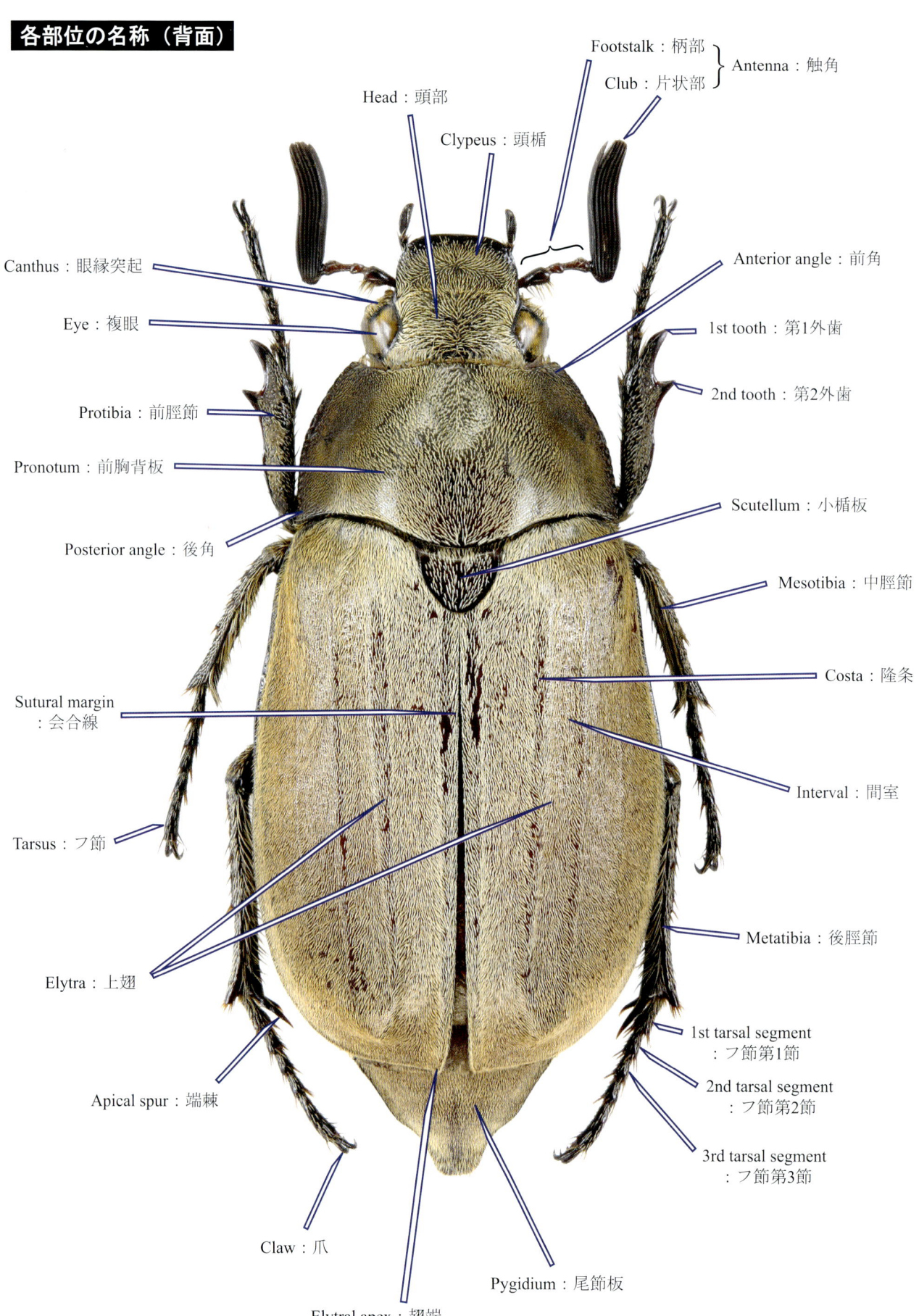

各部位の名称（腹面）

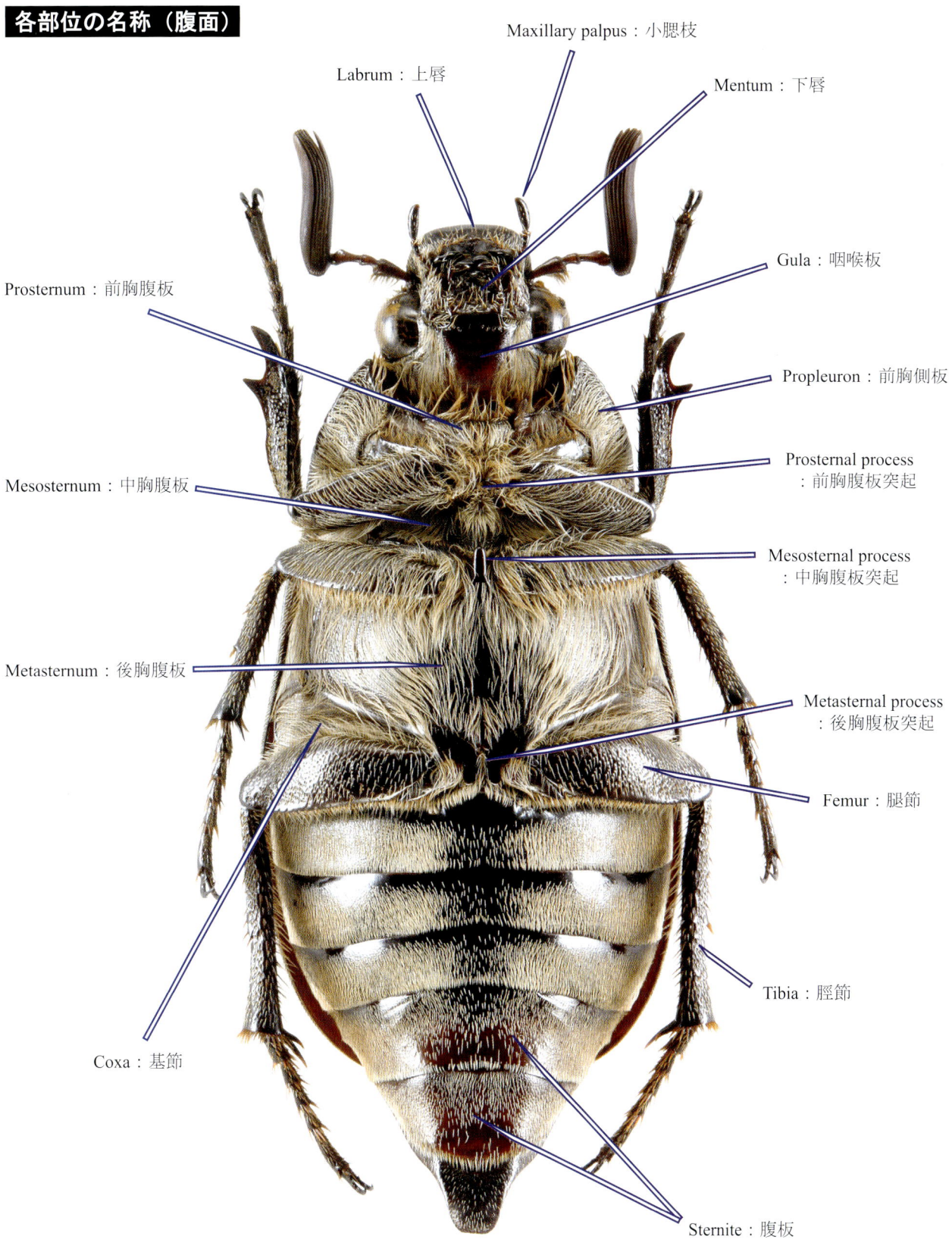

図解検索 1　コフキコガネ亜科の族・亜族の検索

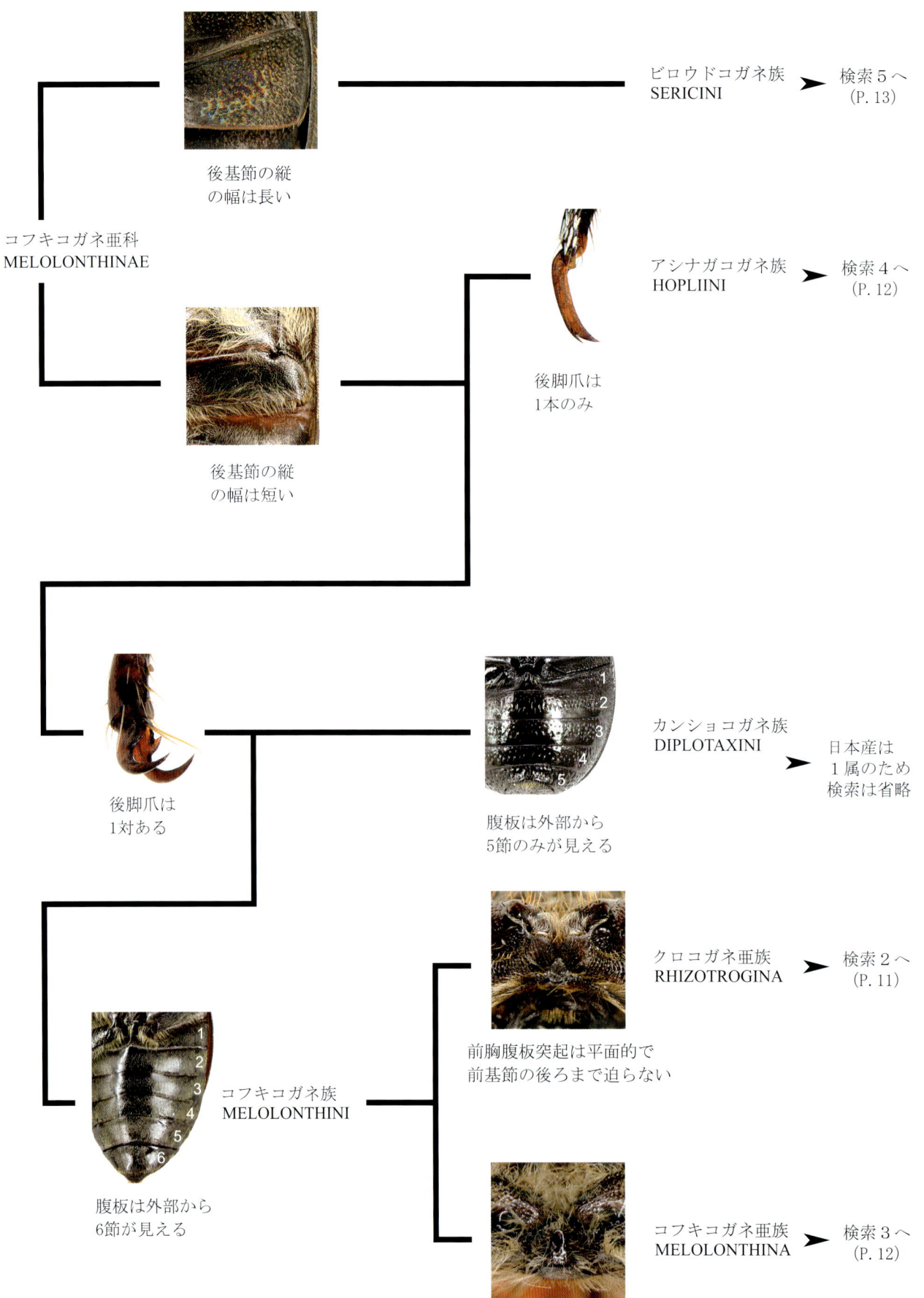

コフキコガネ亜科 MELOLONTHINAE

- 後基節の縦の幅は長い → ビロウドコガネ族 SERICINI → 検索5へ（P. 13）
- 後基節の縦の幅は短い
  - 後脚爪は1本のみ → アシナガコガネ族 HOPLIINI → 検索4へ（P. 12）
  - 後脚爪は1対ある
    - 腹板は外部から5節のみが見える → カンショコガネ族 DIPLOTAXINI → 日本産は1属のため検索は省略
    - 腹板は外部から6節が見える → コフキコガネ族 MELOLONTHINI
      - 前胸腹板突起は平面的で前基節の後ろまで迫らない → クロコガネ亜族 RHIZOTROGINA → 検索2へ（P. 11）
      - 前胸腹板突起は立体的で前基節の直後に位置する → コフキコガネ亜族 MELOLONTHINA → 検索3へ（P. 12）

図解検索2 クロコガネ亜族の属の検索

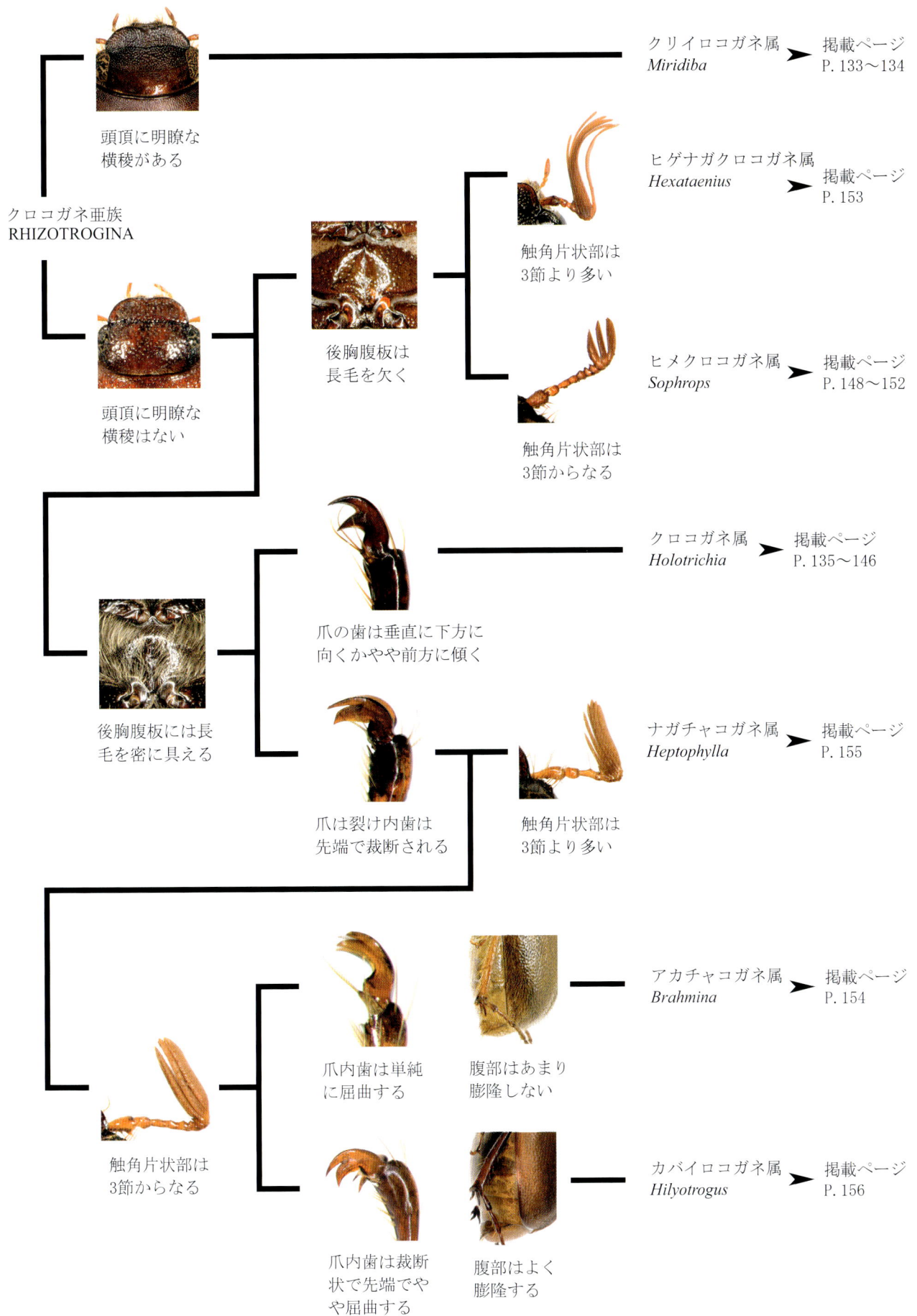

図解検索 3　コフキコガネ亜族の属の検索

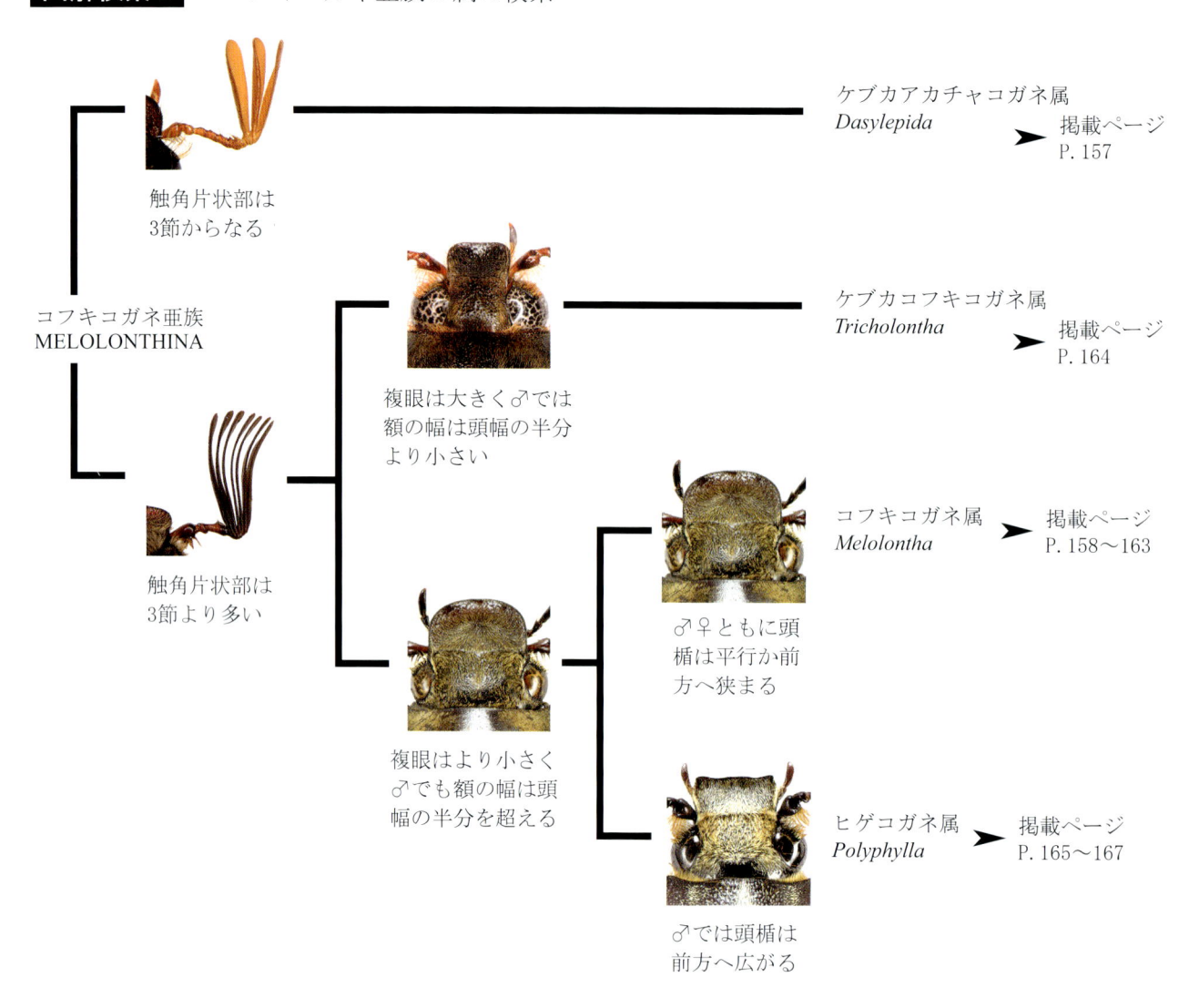

コフキコガネ亜族
MELOLONTHINA

- 触角片状部は3節からなる → ケブカアカチャコガネ属 *Dasylepida* ▶ 掲載ページ P. 157
- 触角片状部は3節より多い
  - 複眼は大きく♂では額の幅は頭幅の半分より小さい → ケブカコフキコガネ属 *Tricholontha* ▶ 掲載ページ P. 164
  - 複眼はより小さく♂でも額の幅は頭幅の半分を超える
    - ♂♀ともに頭楯は平行か前方へ狭まる → コフキコガネ属 *Melolontha* ▶ 掲載ページ P. 158〜163
    - ♂では頭楯は前方へ広がる → ヒゲコガネ属 *Polyphylla* ▶ 掲載ページ P. 165〜167

図解検索 4　アシナガコガネ族の属の検索

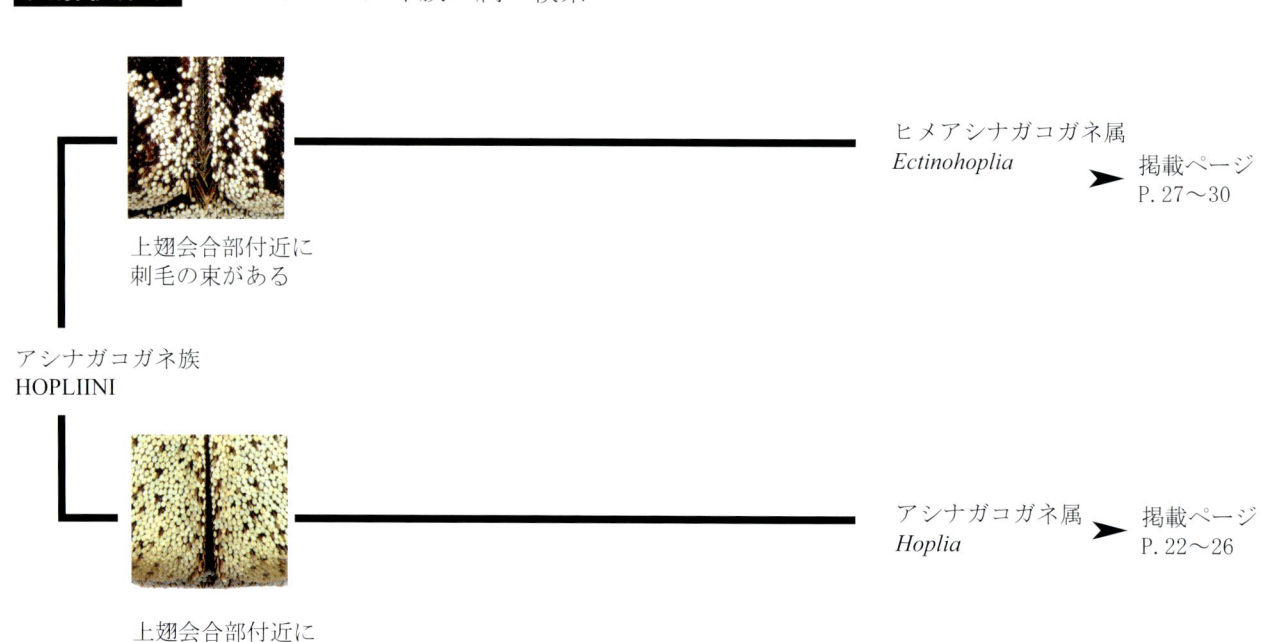

アシナガコガネ族
HOPLIINI

- 上翅会合部付近に刺毛の束がある → ヒメアシナガコガネ属 *Ectinohoplia* ▶ 掲載ページ P. 27〜30
- 上翅会合部付近に刺毛の束がない → アシナガコガネ属 *Hoplia* ▶ 掲載ページ P. 22〜26

図解検索5　ビロウドコガネ族の属の検索

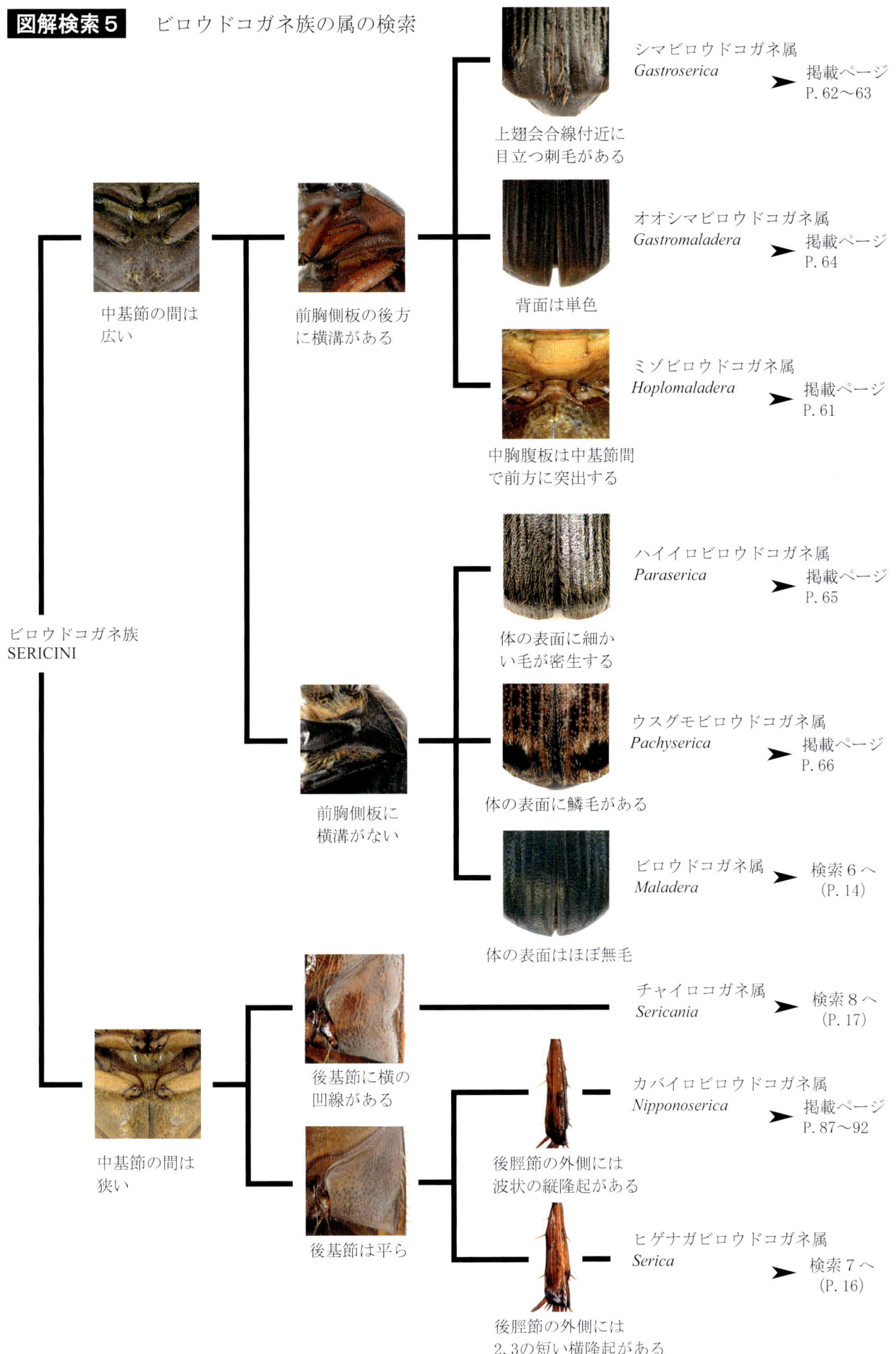

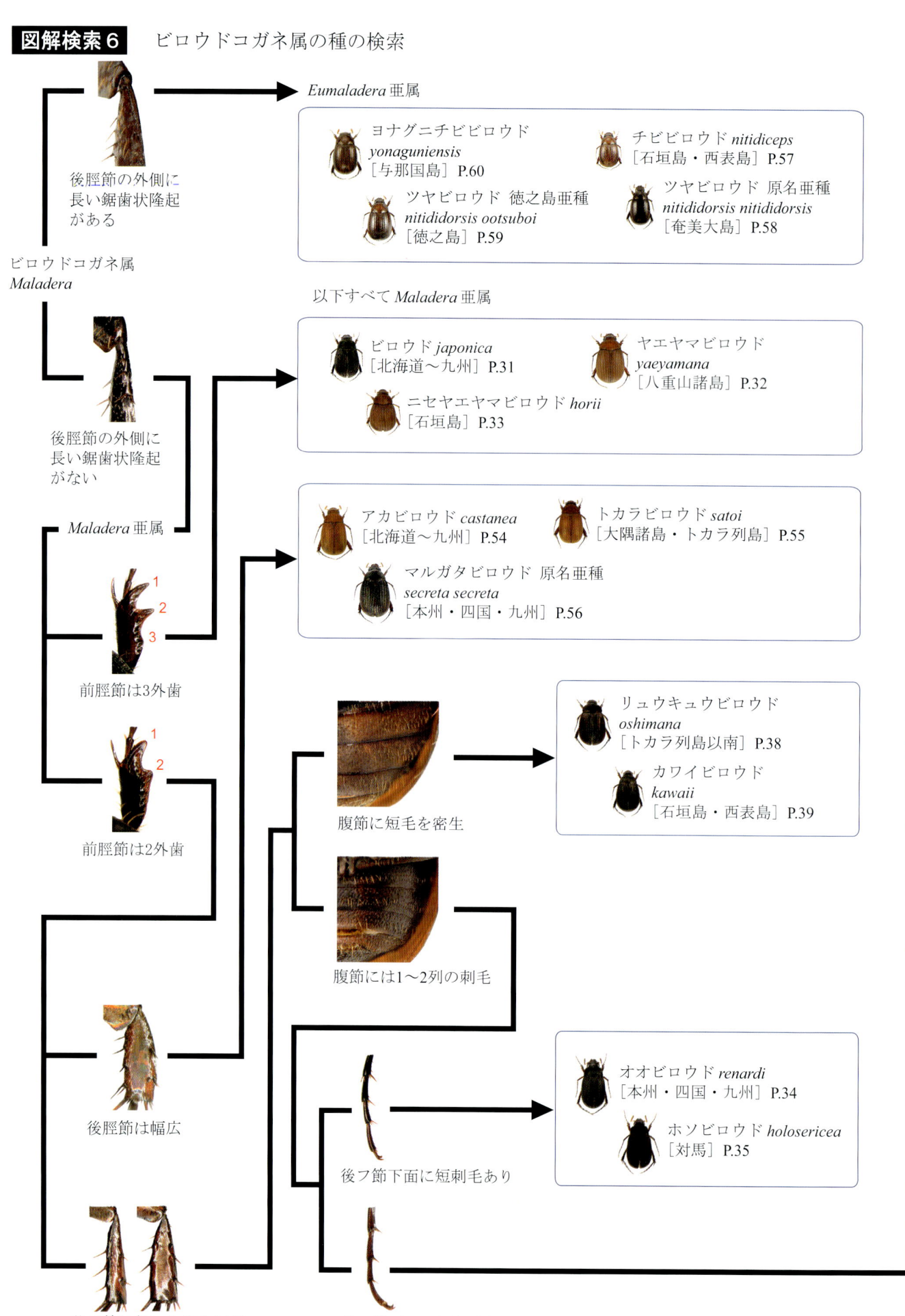

前胸背板前縁に
刺毛列がある

 ヒメビロウド *orientalis*
［北海道〜九州］P.36

 スジビロウド *cariniceps*
［九州・五島列島・対馬］P.37

前胸背板前縁の
中央部には毛を欠く

※ 以下の *Maladera* 亜属の各種は，カミヤビロウドを除きすべて南西諸島を中心とした島嶼に分布し，体型，色彩，光沢，大きさに差があるものの互いによく似る種も多く，以下のように分布域で分けるほかは，♂交尾器が最も確実な区別点である．また，近似種が発生時期で住み分けている場合もあり，採集された季節も重要なキーとなる．

屋久島以北に分布

 カミヤビロウド *kamiyai*
［本州・四国・九州］P.45

 ダンジョビロウド *ejimai*
［男女群島］P.41

 ヤクシマビロウド *yakushimana*
［屋久島］P.44

トカラ列島〜奄美諸島などに分布

 アマミビロウド *amamiana*
［奄美大島］P.46

 ヒメアマミビロウド *inadai*
［奄美大島］P.48

 イノカワダケビロウド
tokunoshimana
［徳之島］P.47

 ムナクボビロウド *impressithorax*
［奄美大島・徳之島］P.50

 オキノエラブビロウド *okinoerabuana*
［沖永良部島・徳之島］P.51

沖縄諸島以南に分布

 オオマルビロウド *opima*
［八重山諸島］P.40

 ヤンバルビロウド *imasakai*
［沖縄島］P.42

 クニガミビロウド *kunigami*
［沖縄島］P.43

 オキナワビロウド *okinawaensis*
［沖縄島］P.49

 ウルマビロウド *kawaharai*
［沖縄島］P.52

 イヘヤジマビロウド *kusuii*
［伊平屋島］P.53

図解検索7　ヒゲナガビロウドコガネ属の種の検索

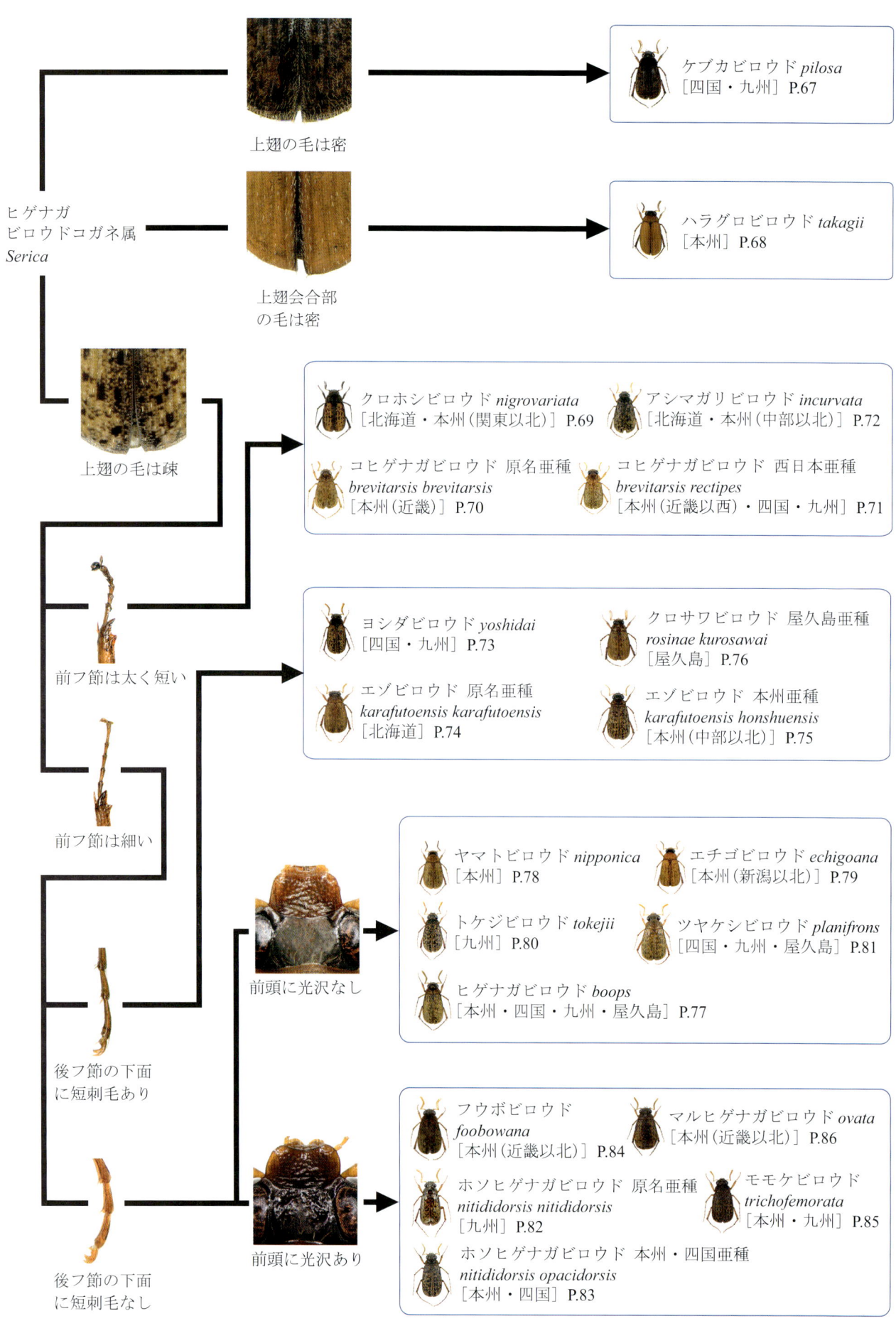

16

図解検索8　チャイロコガネ属の種の検索

腹節の刺毛は不規則

チャイロコガネ属 *Sericania*

腹節の刺毛は1列

前脚の下方の爪は細長い

前脚の下方の爪は強く曲り裁断状

♂♀ともに光沢を欠くか♀には鈍い光沢がある

♂♀ともに光沢がある

クロチャイロコガネ種群 *angulata* group

 クロチャイロ *angulata* [四国・九州] P.93
 シコクチャイロ *shikokuana* [本州(近畿)・四国] P.94
 オオヒラチャイロ *ohirai* [本州(中部・近畿)] P.95
 コバヤシチャイロ *kobayashii* [本州(紀伊半島)] P.96

カラフトチャイロコガネ種群 *sachalinensis* group

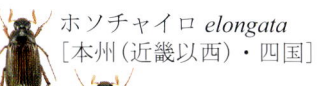 カラフトチャイロ *sachalinensis* [北海道・本州(中部以北)] P.97
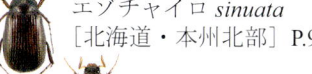 エゾチャイロ *sinuata* [北海道・本州北部] P.98
ホソチャイロ *elongata* [本州(近畿以西)・四国] P.101
 レンゲチャイロ *yamayai* [新潟県] P.100
 ヒダチャイロ *hidana* [北海道・本州(近畿以北)] P.99

ヨツバクロチャイロコガネ種群 *quadrifoliata* group

 ヨツバクロチャイロ *quadrifoliata* [本州(近畿以北)] P.102
 イツツバクロチャイロ *opaca* [四国・九州] P.103
 スジアシクロチャイロ *serripes* [本州(中国)・九州] P.104

♂♀ともに光沢を欠く

 キラチャイロ *kirai* [本州・四国・九州] P.105

♂は前胸背板、♀は背面全体に光沢がある

 ヤマウチチャイロ *yamauchii* [四国・九州] P.106
 ミヤケチャイロ *miyakei* [四国・九州] P.108
 ヒラタチャイロ *alternata* [本州(近畿)・四国] P.107
 アワチャイロ *awana* [四国] P.109

♂は光沢を欠くが♀には光沢がある

 トウホクチャイロ *tohokuensis* [本州(中部以北)] P.110
 ガロアチャイロ *galloisi* [本州(中部以北〜山形以南)] P.112
チクゼンチャイロ *chikuzensis* [本州・四国・九州] P.111

♂上翅には光沢がなく♀には鈍い光沢がある

クロスジチャイロコガネ種群 *fuscolineata* group

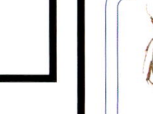 ナエドコチャイロ 原名亜種 *mimica mimica* [本州] P.114
 ナエドコチャイロ 四国亜種 *mimica kompira* [四国] P.115
 オオタケチャイロ *ohtakei* [本州(関東以西)・四国] P.113
 マツシタチャイロ *matusitai* [本州(中部以西)・四国] P.116
 オキチャイロ *kadowakii* [隠岐諸島] P.117

普通の光沢

 クロスジチャイロ 原名亜種 *fuscolineata fuscolineata* [九州(対馬)] P.118
 クロスジチャイロ 北海道亜種 *fuscolineata ezoensis* [北海道] P.119
 クロスジチャイロ 本州・四国亜種 *fuscolineata fulgida* [本州・四国] P.121
 クロスジチャイロ 九州亜種 *fuscolineata minuscula* [九州] P.120
 フチグロチャイロ *marginata* [本州] P.124
 ルイスチャイロ *lewisi* [本州(中部以北)] P.123

金属光沢

17

図解検索9　ビロウドコガネ族の地域別同定ガイド

北海道

背面に小黒斑紋がある
 クロホシビロウド P.69
Serica nigrovariata
 エゾビロウド 原名亜種 P.74
Serica karafutoensis karafutoensis
 アシマガリビロウド P.72
Serica incurvata

背面は単色で光沢を欠く
 ビロウド P.31
Maladera japonica
 アカビロウド P.54
Maladera castanea
 ヒメビロウド P.36
Maladera orientalis
 ハラゲビロウド P.90
Nipponoserica pubiventris

背面に光沢がある
 カラフトチャイロ P.97
Sericania sachalinensis
 エゾチャイロ P.98
Sericania sinuata
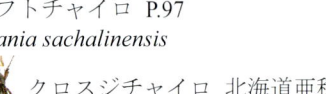 クロスジチャイロ 北海道亜種 P.119
Sericania fuscolineata ezoensis
 ヒダチャイロ P.99
Sericania hidana

背面に刺毛を密生
 ハイイロビロウド P.65
Paraserica grisea

本州（中部以北）

背面の斑紋は不明瞭
 ハラグロビロウド P.68
Serica takagii
 ヤマトビロウド P.78
Serica nipponica
 エチゴビロウド P.79
Serica echigoana

背面は単色で光沢を欠く
 ビロウド P.31
Maladera japonica
 ヒメビロウド P.36
Maladera orientalis
 ヨツバクロチャイロ P.102
Sericania quadrifoliata
 カミヤビロウド P.45
Maladera kamiyai
 アカビロウド P.54
Maladera castanea
 オオビロウド P.34
Maladera renardi
 マルガタビロウド 原名亜種 P.56
Maladera secreta secreta
 ワタリビロウド P.87
Nipponoserica peregrina
 ハラゲビロウド P.90
Nipponoserica pubiventris
 クニタチビロウド P.92
Nipponoserica kunitachiana

背面に小黒斑紋がある
 クロホシビロウド P.69
Serica nigrovariata
 アシマガリビロウド P.72
Serica incurvata
 ヒゲナガビロウド P.77
Serica boops
 エゾビロウド 本州亜種 P.75
Serica karafutoensis honshuensis
 フウボビロウド P.84
Serica foobowana
 ホソヒゲナガビロウド 本州・四国亜種 P.83
Serica nitididorsis opacidorsis
 モモケビロウド P.85
Serica trichofemorata
 マルヒゲナガビロウド P.86
Serica ovata

背面には普通の光沢がある
 カラフトチャイロ P.97
Sericania sachalinensis
 エゾチャイロ P.98
Sericania sinuata
 ヒダチャイロ P.99
Sericania hidana
 レンゲチャイロ P.100
Sericania yamayai
 ナエドコチャイロ 原名亜種 P.114
Sericania mimica mimica
 オオタケチャイロ P.113
Sericania ohtakei

♂の上翅には光沢を欠き，♀の背面には弱い光沢がある
 ガロアチャイロ P.112
Sericania galloisi
 トウホクチャイロ P.110
Sericania tohokuensis
 チクゼンチャイロ P.111
Sericania chikuzensis

背面に金属光沢がある
 クロスジチャイロ 本州・四国亜種 P.121
Sericania fuscolineata fulgida
 ルイスチャイロ P.123
Sericania lewisi
 フチグロチャイロ P.124
Sericania marginata

♂は前胸背板、♀は背面全体に光沢がある
 キラチャイロ P.105
Sericania kirai

背面に直立した刺毛がある
 コヒゲシマビロウド P.62
Gastroserica brevicornis
 ハイイロビロウド P.65
Paraserica grisea

本州（近畿以西）

背面の斑紋は不明瞭
 ヤマトビロウド P.78
Serica nipponica

背面に直立した刺毛がある
 コヒゲシマビロウド P.62
Gastroserica brevicornis

 ハイイロビロウド P.65
Paraserica grisea

背面に小黒斑紋がある
 クロホシビロウド P.69
Serica nigrovariata

 モモケビロウド P.85
Serica trichofemorata

 ヒゲナガビロウド P.77
Serica boops

 マルヒゲナガビロウド P.86
Serica ovata

 フウボビロウド P.84
Serica foobowana

 ホソヒゲナガビロウド 本州・四国亜種 P.83
Serica nitididorsis opacidorsis

 コヒゲナガビロウド 原名亜種 P.70
Serica brevitarsis brevitarsis

 コヒゲナガビロウド 西日本亜種 P.71
Serica brevitarsis rectipes

背面は単色で光沢を欠く
 ヒメビロウド P.36
Maladera orientalis

カミヤビロウド P.45
Maladera kamiyai

 オオビロウド P.34
Maladera renardi

 ビロウド P.31
Maladera japonica

 アカビロウド P.54
Maladera castanea

 マルガタビロウド 原名亜種 P.56
Maladera secreta secreta

 ダイセンビロウド P.89
Nipponoserica daisensis

 ハラゲビロウド P.90
Nipponoserica pubiventris

 シコクチャイロ P.94
Sericania shikokuana

 ヨツバクロチャイロ P.102
Sericania quadrifoliata

 カバイロビロウド P.91
Nipponoserica similis

 ゴマダンビロウド P.88
Nipponoserica gomadana

背面には普通の光沢がある
 オキチャイロ P.117
Sericania kadowakii

 オオタケチャイロ P.113
Sericania ohtakei

 マツシタチャイロ P.116
Sericania matusitai

 ナエドコチャイロ 原名亜種 P.114
Sericania mimica mimica

♂の上翅には光沢を欠き，♀の背面には弱い光沢がある
 コバヤシチャイロ P.96
Sericania kobayashii

 チクゼンチャイロ P.111
Sericania chikuzensis

 ヒラタチャイロ P.107
Sericania alternata

 オオヒラチャイロ P.95
Sericania ohirai

背面に金属光沢がある
 ホソチャイロ P.101
Sericania elongata

 クロスジチャイロ 本州・四国亜種 P.121
Sericania fuscolineata fulgida

♂は前胸背板、♀は背面全体に光沢がある
 キラチャイロ P.105
Sericania kirai

四国・九州（鹿児島は本土のみ）

背面には普通の光沢がある
 ナエドコチャイロ 四国亜種 P.115
Sericania mimica kompira

オオタケチャイロ P.113
Sericania ohtakei

 マツシタチャイロ P.116
Sericania matusitai

背面に小黒斑紋がある
 ヨシダビロウド P.73
Serica yoshidai

 ホソヒゲナガビロウド 原名亜種 P.82
Serica nitididorsis nitididorsis

 ホソヒゲナガビロウド 本州・四国亜種 P.83
Serica nitididorsis opacidorsis

 ヒゲナガビロウド P.77
Serica boops

 コヒゲナガビロウド 西日本亜種 P.71
Serica brevitarsis rectipes

 トケジビロウド P.80
Serica tokejii

 ツヤケシビロウド P.81
Serica planifrons

背面は単色で光沢を欠く
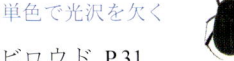 ヒメビロウド P.36
Maladera orientalis

 カミヤビロウド P.45
Maladera kamiyai

 オオビロウド P.34
Maladera renardi

 ビロウド P.31
Maladera japonica

 アカビロウド P.54
Maladera castanea

 マルガタビロウド 原名亜種 P.56
Maladera secreta secreta

ホソビロウド P.35
Maladera holosericea

スジビロウド P.37
Maladera cariniceps

 ダンジョビロウド P.41
Maladera ejimai

 ダイセンビロウド P.89
Nipponoserica daisensis

 ハラゲビロウド P.90
Nipponoserica pubiventris

 スジアシクロチャイロ P.104
Sericania serripes

クロチャイロ P.93
Sericania angulata

 シコクチャイロ P.94
Sericania shikokuana

 イツツバクロチャイロ P.103
Sericania opaca

 カバイロビロウド P.91
Nipponoserica similis

19

四国・九州（鹿児島は本土のみ）（続き）

♂の上翅には光沢を欠き，♀の背面には弱い光沢がある

 ヤマウチチャイロ P.106
Sericania yamauchii

 チクゼンチャイロ P.111
Sericania chikuzensis

 ヒラタチャイロ P.107
Sericania alternata

アワチャイロ P.109
Sericania awana

ミヤケチャイロ P.108
Sericania miyakei

背面に金属光沢がある

 クロスジチャイロ 九州亜種 P.120
Sericania fuscolineata minuscula

 クロスジチャイロ 原名亜種 P.118
Sericania fuscolineata fuscolineata

ホソチャイロ P.101
Sericania elongata

 クロスジチャイロ 本州・四国亜種 P.121
Sericania fuscolineata fulgida

背面に目立つ刺毛がある

 コヒゲシマビロウド P.62
Gastroserica brevicornis

 ヒゴシマビロウド P.63
Gastroserica higonia

 ハイイロビロウド P.65
Paraserica grisea

 ケブカビロウド P.67
Serica pilosa

♂は前胸背板、♀は背面全体に光沢がある

 キラチャイロ P.105
Sericania kirai

鹿児島県（大隅諸島・トカラ列島・奄美諸島など）

屋久島・種子島に分布

 ヤクシマビロウド P.44
Maladera yakushimana

 ツヤケシビロウド P.81
Serica planifrons

 ヒゲナガビロウド P.77
Serica boops

 カミヤビロウド P.45
Maladera kamiyai

 マルガタビロウド 原名亜種 P.56
Maladera secreta secreta

 クロサワビロウド 屋久島亜種 P.76
Serica rosinae kurosawai

屋久島・種子島以外の大隅諸島・トカラ列島に分布

 トカラビロウド P.55
Maladera satoi

 マルガタビロウド 原名亜種 P.56
Maladera secreta secreta

カミヤビロウド P.45
Maladera kamiyai

 リュウキュウビロウド P.38
Maladera oshimana

奄美諸島に分布

 アマミビロウド P.46
Maladera amamiana

 ヒメアマミビロウド P.48
Maladera inadai

 イノカワダケビロウド P.47
Maladera tokunoshimana

 リュウキュウビロウド P.38
Maladera oshimana

 オオシマビロウド P.64
Gastromaladera major

背面に光沢がある

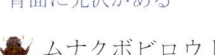 ムナクボビロウド P.50
Maladera impressithorax

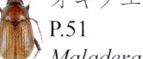 オキノエラブビロウド P.51
Maladera okinoerabuana

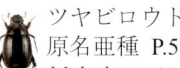 ツヤビロウド 原名亜種 P.58
Maladera nitididorsis nitididorsis

ツヤビロウド 徳之島亜種 P.59
Maladera nitididorsis ootsuboi

沖縄県

沖縄諸島及びその周辺諸島に分布

 リュウキュウビロウド P.38
Maladera oshimana

 ヤンバルビロウド P.42
Maladera imasakai

 ウルマビロウド P.52
Maladera kawaharai

 クニガミビロウド P.43
Maladera kunigami

 オキナワビロウド P.49
Maladera okinawaensis

 イヘヤジマビロウド P.53
Maladera kusuii

宮古諸島や八重山諸島に分布

 リュウキュウビロウド P.38
Maladera oshimana

 オオマルビロウド P.40
Maladera opima

 カワイビロウド P.39
Maladera kawaii

 ヤエヤマビロウド P.32
Maladera yaeyama

ニセヤエヤマビロウド P.33
Maladera horii

背面に斑紋あり

 ヤノウスグモビロウド P.66
Pachyserica yanoi

 チビビロウド P.57
Maladera nitidiceps

ヨナグニチビビロウド P.60
Maladera yonaguniensis

ミゾビロウド P.61
Hoplomaladera saitoi

※この地域別同定ガイドに該当しない種は，変種，移入種，新分布，新種などの可能性がある．

図　版　PLATE

257 アシナガコガネ
Hopliini　アシナガコガネ族
Hoplia (*Euchromoplia*) *communis* Waterhouse, 1875

体長　5.5〜8.5 mm　　**特徴**　クロアシナガコガネに似るが，頭楯は前方へ狭まり，各腹板に横1列の毛列をもち，肩部後方のくぼみはやや顕著で，特に♂の後腿節は太い．前脛節は3外歯．前脚は内爪，中脚は外爪がより大きい．後脚は爪1本のみ．〔1-4：♂，5：♀，6：色彩変異，7：頭部，8：♂前脛節，9：♀前脛節，10：腹部，11：♂前胸背板，12：♀前胸背板，13：♂腹部側面，14：♀腹部側面，15：♂交尾器背面，16：♂交尾器側面〕

雌雄の区別　♂の前胸背板側縁は丸みを帯び後角も丸いが，♀ではいずれもやや角ばる．♂腹部は側方から見て膨隆せず，♀は膨隆する．

生態　主に樹木の花に集まる．

分布　本州，佐渡島，伊豆諸島（大島），四国，九州，壱岐，五島列島，屋久島

| 発生 | 1月 | 2月 | 3月 | 4月 | 5月 | 6月 | 7月 | 8月 | 9月 | 10月 | 11月 | 12月 |

| 環境 | 森林 | 開墾地 | その他 |　　| 標高 | 高山 | 中山 | 低山 | 平地 |

63 ★

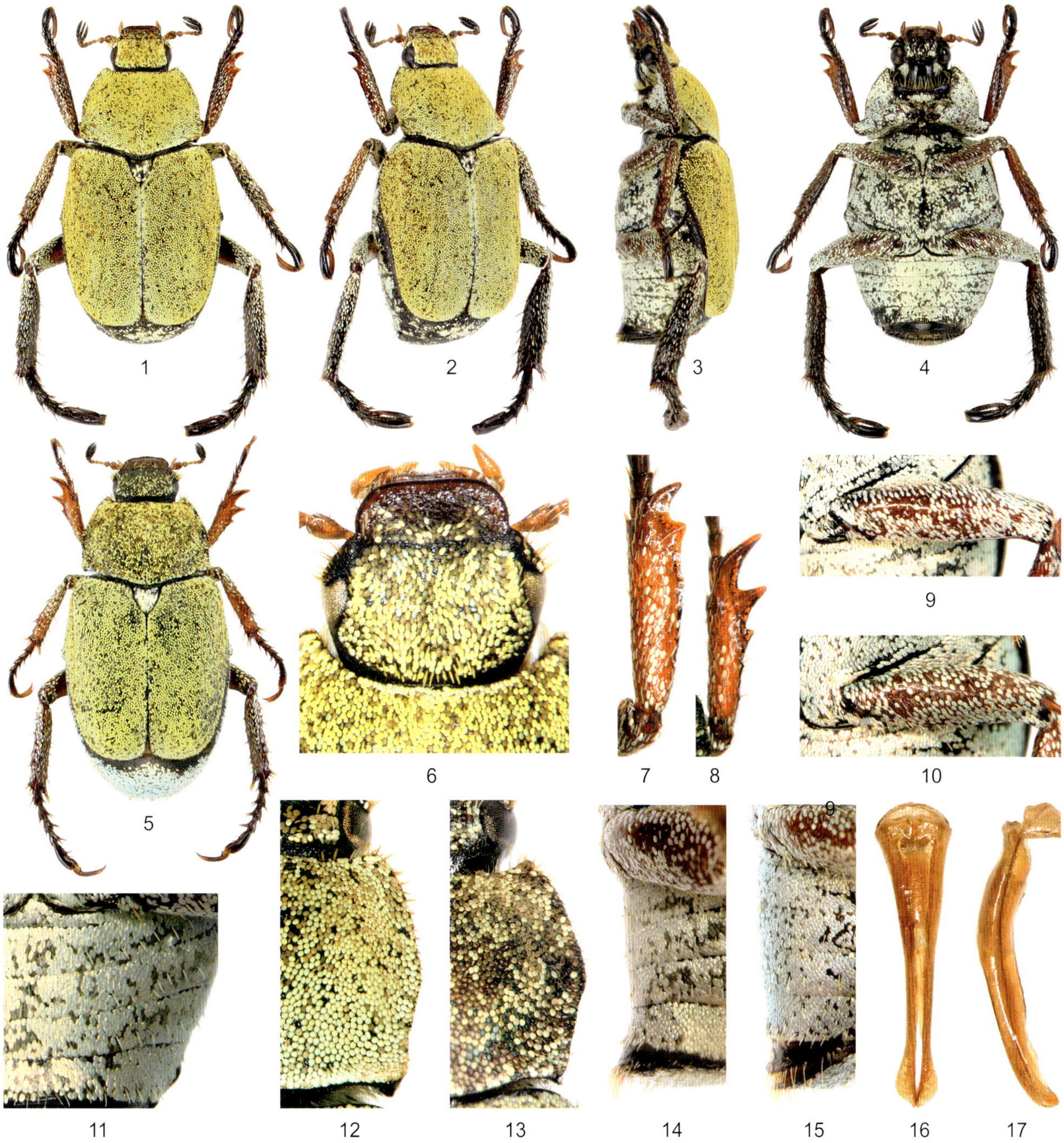

258　ラインアシナガコガネ
Hopliini　アシナガコガネ族

***Hoplia* (*Euchromoplia*) *reinii* Heyden, 1878**

体長　7.0〜8.5 mm　**特徴**　前種同様に各腹板に横1列の毛列をもつが，頭楯側縁は基部で平行，後腿節はクロアシナガコガネのように細い点で異なる．♂♀とも前胸背板側縁部は弱く角張り，後半はまっすぐか湾入．〔1-4：♂，5：♀，6：頭部，7：♂前脛節，8：♀前脛節，9：♂後腿節，10：♀後腿節，11：腹部，12：♂前胸背板，13：♀前胸背板，14：♂腹部側面，15：♀腹部側面，16：♂交尾器背面，17：♂交尾器側面〕

雌雄の区別　♂腹部は側方から見て膨隆せず，♀では膨隆．♂の前脛節は2外歯か痕跡的な第3外歯があるが，♀の前脛節は3外歯で，第1外歯は♂より発達．

生態　主に樹木の花に集まる．

分布　本州（広島，山口）・九州

発生

1月	2月	3月	4月	5月	6月	7月	8月	9月	10月	11月	12月

環境

森林	開墾地	その他

標高

高山	中山	低山	平地

64 ★★★

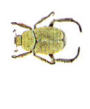

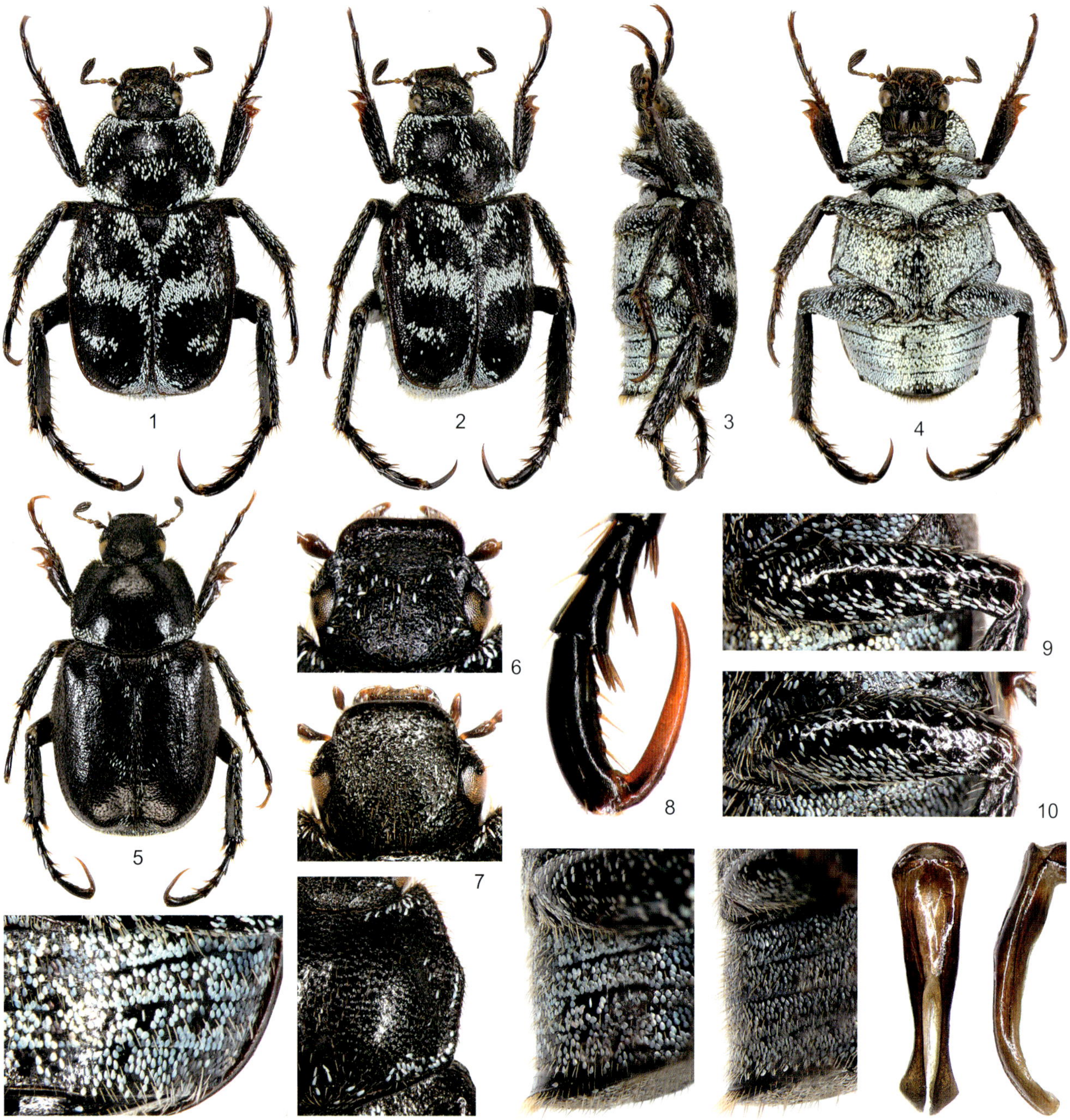

259　ハコネアシナガコガネ
Hoplia (_Hoplia_) _hakonensis_ Sawada, 1938

Hopliini　アシナガコガネ族

体長　7.0～7.5 mm　**特徴**　上面は黒く，鱗片は少なく灰色短剛毛が多い．鱗片は薄黄色～青色で斑紋状．下面は鱗片に密におおわれる．♂頭楯は両側平行，♀は前方へ狭まり，いずれも前角が十分に丸まる．前胸背板側縁，後角とも角張る．腹部の短毛はやや密．♂後腿節は非常に細い．後脚第5フ節下面に3～4個の微小歯がある．〔1-4：♂，5：♀，6：♂頭部，7：♀頭部，8：♂後脚第5フ節，9：♂後腿節，10：♀後腿節，11：腹部，12：前胸背板，13：♂腹部側面，14：♀腹部側面，15：♂交尾器背面，16：♂交尾器側面〕

雌雄の区別　頭楯の形の他，♂後腿節は♀より細く，♀腹部は側方から見ると♂よりやや膨隆する．

生態　箱根ではイネ科植物の葉上や茎上に見られ，飛翔中の個体も多い．

分布　本州（伊豆，箱根）

発生

1月	2月	3月	4月	5月	6月	7月	8月	9月	10月	11月	12月
						■	■				

環境

森林	開墾地	その他
■		

標高

高山	中山	低山	平地
	■		

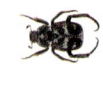

64 ★★★★

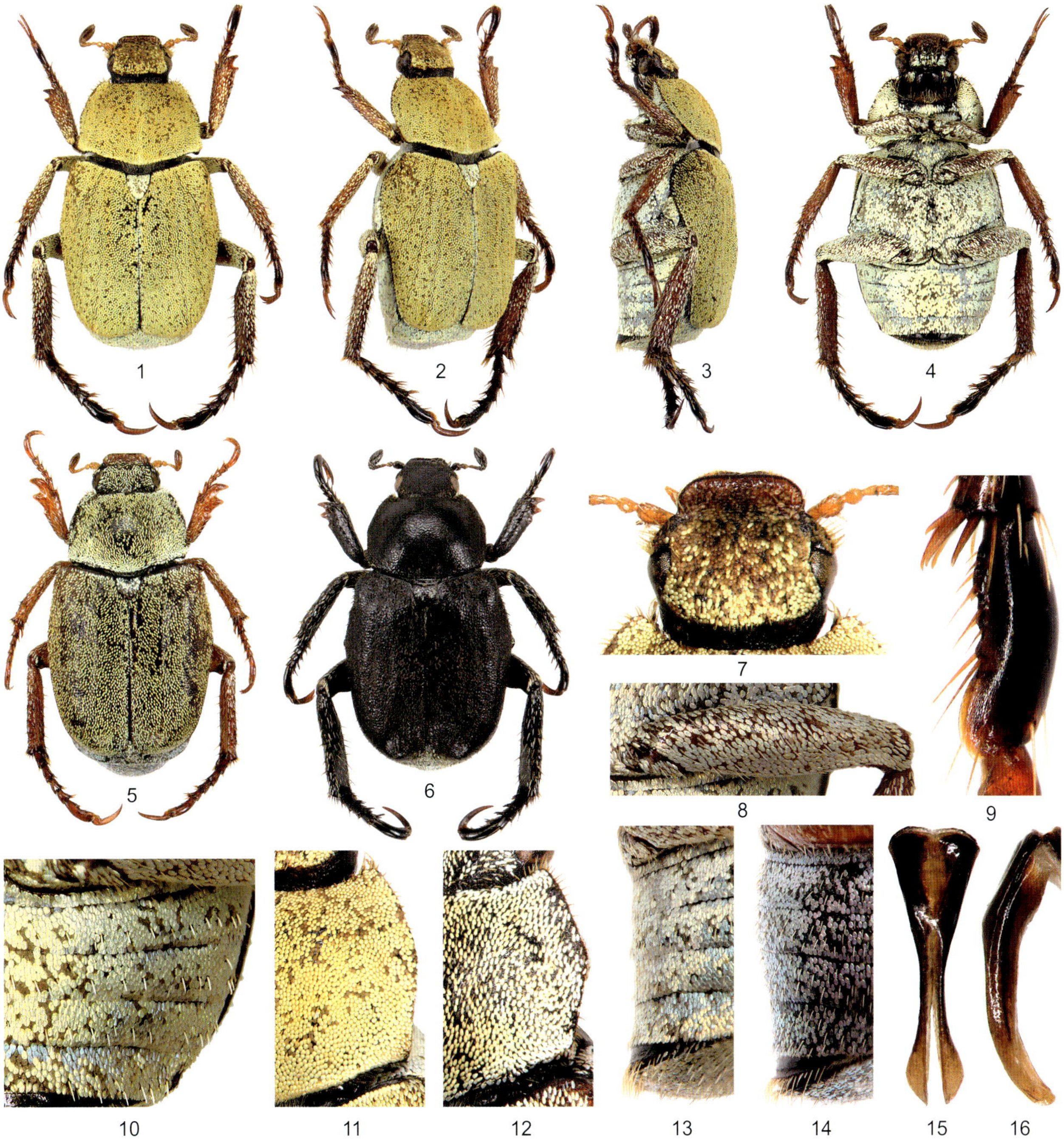

260　クロアシナガコガネ

Hopliini　アシナガコガネ族

***Hoplia* (*Hoplia*) *moerens* Waterhouse, 1875**

体長　6.5～9.0 mm　**特徴**　アシナガコガネに似る．頭楯は両側で平行，腹部の短毛は不規則に散生する．前胸背板は♂♀とも側縁部，後角が角張る．♂後腿節はアシナガコガネより細い．後脚第5フ節は太く，基部近くに1～2個の小歯がある．前脚爪のうち外爪は内爪の4/5の長さに達する．♂後脛節は中央でふくらむ．〔1-4：♂，5：♀，6：色彩変異，7：頭部，8：♂後腿節，9：♂後フ節第5節，10：腹部，11：♂前胸背板，12：♀前胸背板，13：♂腹部側面，14：♀腹部側面，15：♂交尾器背面，16：♂交尾器側面〕

雌雄の区別　交尾器による．♀の腹部は側方から見ると♂よりやや膨隆する．

生態　樹木の花に集まるほか，高地の吹き上げ採集で得られることがある．

分布　本州，四国，隠岐諸島，九州，壱岐，屋久島

発生

1月	2月	3月	4月	5月	6月	7月	8月	9月	10月	11月	12月

環境

森林	開墾地	その他

標高

高山	中山	低山	平地

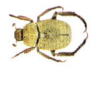

64　★★

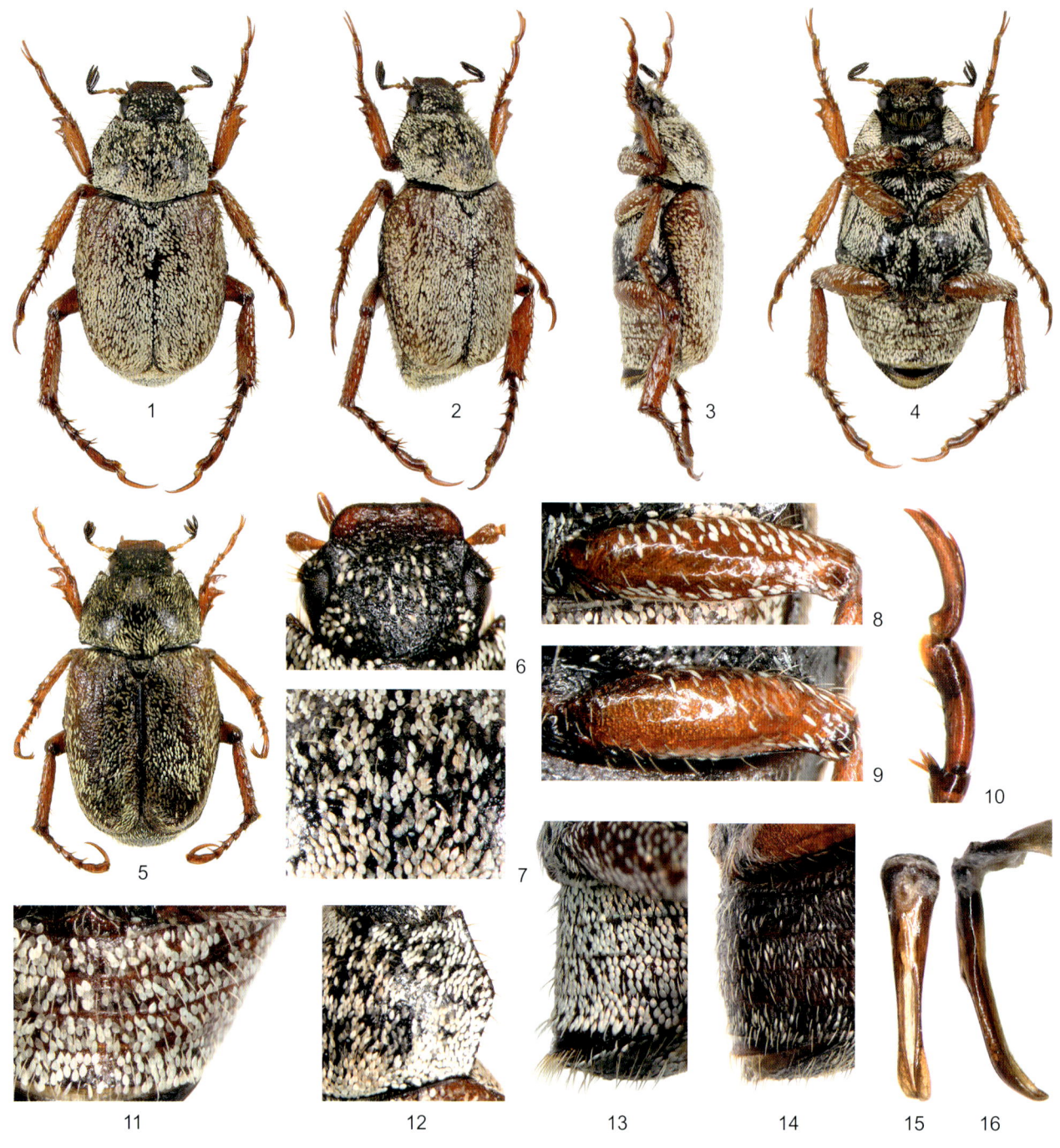

261　シラキアシナガコガネ

Hopliini　アシナガコガネ族

***Hoplia* (*Hoplia*) *shirakii* Nomura, 1959**

体長　5.0～6.0 mm　**特徴**　日本産*Hoplia*属で最小の種．体全体薄黄色の鱗片におおわれるが，前尾節板，尾節板，下面のものは青味を帯びることが多い．頭楯両側は平行で前角は丸い．前胸背板に長剛毛をよそおい，側縁前半と後半はどちらもまっすぐか前半のみ湾入し，側縁部中央で角ばる．腹部の毛は散生．後腿節はやや太い．前脚内爪は著しく細い．〔1-4：♂，5：♀，6：頭部，7：♂前胸背板，8：♂後腿節，9：♀後腿節，10：♂前脚爪（内爪），11：腹部，12：♂前胸背板側縁部，13：♂腹部側面，14：♀腹部側面，15：♂交尾器背面，16：♂交尾器側面〕

雌雄の区別　♂後腿節は♀より細い．♀腹部を側方から見ると♂よりやや膨隆する．♂触角片状節は♀より長い．

生態　沖縄島中北部の山地に局地的に3月下旬～4月中旬まで産し，リュウキュウチクの葉上に集まるが，♀は少ない．

分布　沖縄島

発生	1月	2月	3月	4月	5月	6月	7月	8月	9月	10月	11月	12月

環境	森林	開墾地	その他

標高	高山	中山	低山	平地

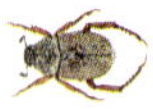

64 ★★★★

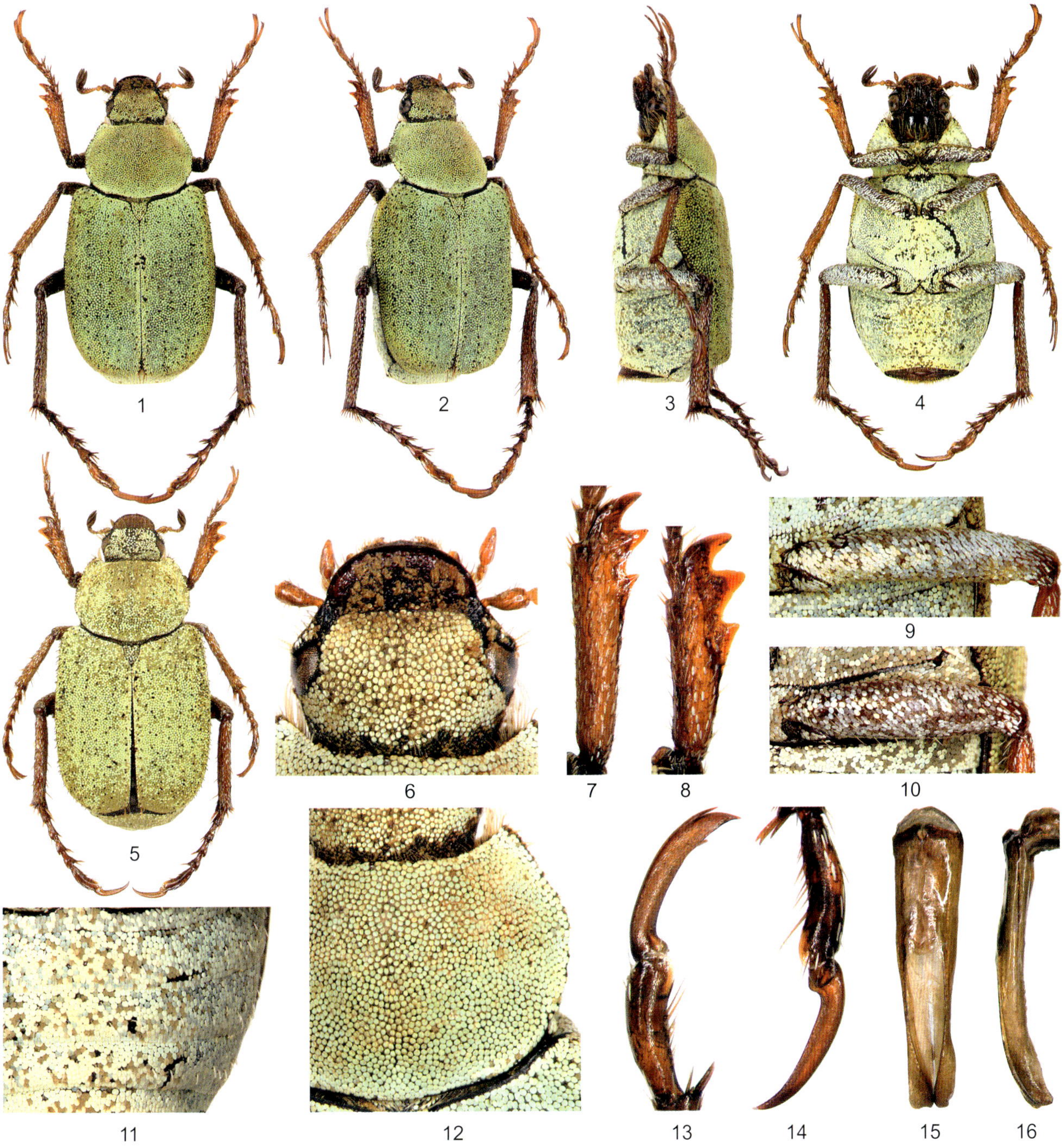

262　キイロアシナガコガネ　　Hopliini　アシナガコガネ族

***Ectinohoplia gracilipes* (Lewis, 1895)**

体長　7.0〜9.5 mm　**特徴**　上下面ともに黄色鱗片におおわれる．頭楯は裸出し，前縁は弧状で中央でかろうじて直線状．前胸背板は平らで側方への突出は弱く，側縁中央でやや鋭く屈曲し後角はほとんど丸い．腹部にはまばらに毛をよそおう．脚は細長く，♂後フ節は後脛節よりはるかに長い．前中脚第5フ節は他の2種より細い．後脚爪は1本で単純．〔1-4：♂，5：♀，6：頭部，7：♂前脛節，8：♀前脛節，9：♂後腿節，10：♀後腿節，11：腹部，12：前胸背板，13：♂前脚爪，14：♂後脚爪，15：♂交尾器背面，16：♂交尾器側面〕

雌雄の区別　交尾器による．♂後腿節は♀よりはるかに細く，♂前脛節も♀より細い．

生態　樹木の花に集まる．

分布　大隅諸島（屋久島，黒島），奄美諸島（奄美大島，徳之島）

発生

1月	2月	3月	4月	5月	6月	7月	8月	9月	10月	11月	12月

環境

森林	開墾地	その他

標高

高山	中山	低山	平地

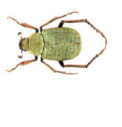

65 ★★★

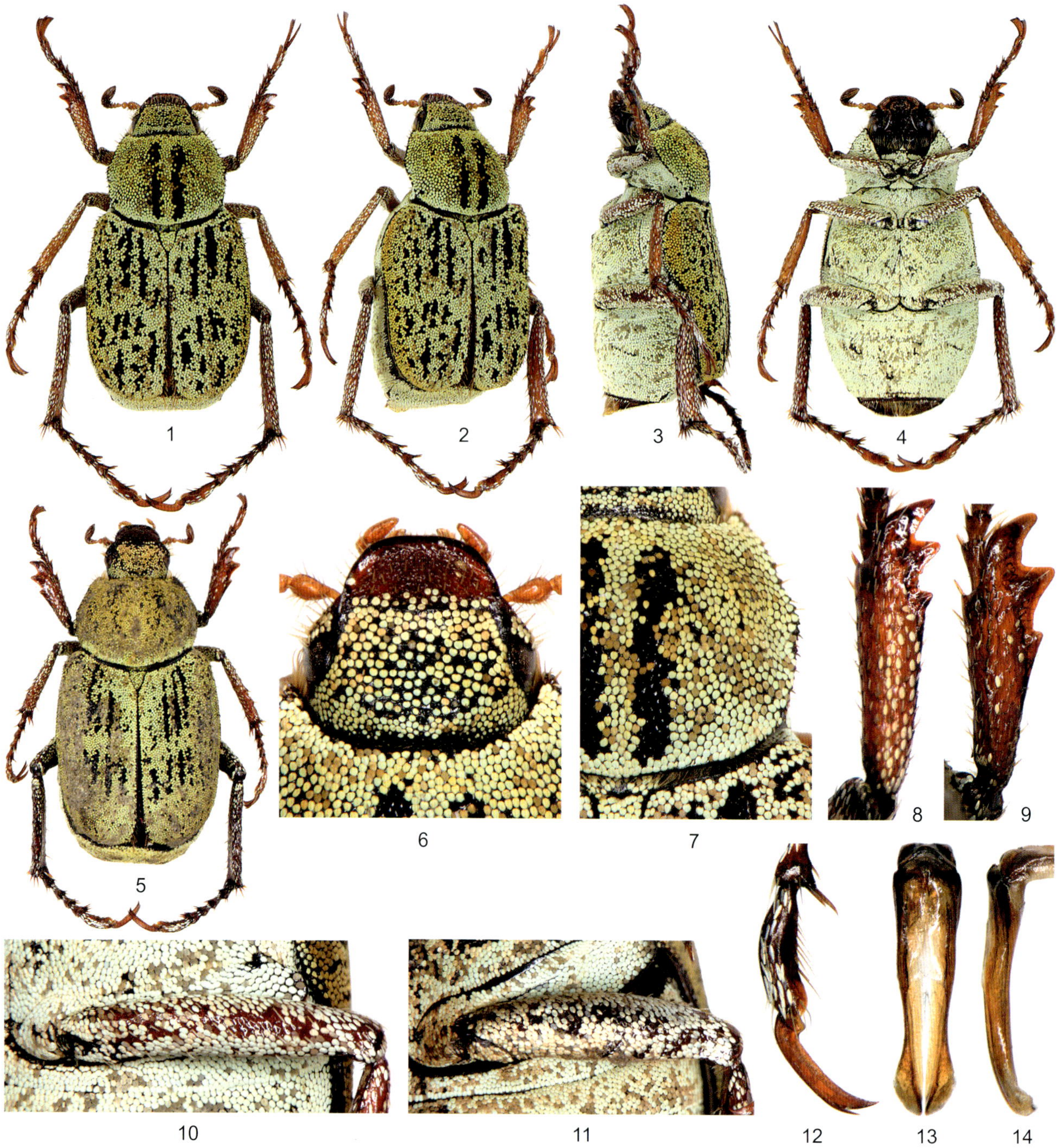

263　ヒメアシナガコガネ

Hopliini　アシナガコガネ族

Ectinohoplia obducta (Motschulsky, 1857)

体長　6.5〜9.0 mm　**特徴**　上下面とも鱗片におおわれるが，個体によって鱗片の色と分布が大きく異なる．黒化した部分は鱗片が欠落する．頭楯は弧状に近いが前縁中央付近でかろうじて直線状．前胸背板は中央線に沿う明瞭な縦のくぼみがあり，側縁は突出が弱いが鋭くカーブし，後角は鈍いが明瞭．後脚の爪は先端で裂ける．〔1-4：♂，5：♀，6：頭部，7：前胸背板，8：♂前脛節，9：♀前脛節，10：♂後腿節，11：♀後腿節，12：♂後脚爪，13：♂交尾器背面，14：♂交尾器側面〕

雌雄の区別　♂後腿節は♀より著しく細い，♂前脛節は♀よりやや細い．

生態　樹木の花に集まる．

分布　北海道，本州，四国，九州，壱岐，対馬？，五島列島，甑島列島，大隅諸島（屋久島，種子島）；中国

発生

1月	2月	3月	4月	5月	6月	7月	8月	9月	10月	11月	12月

環境

森林	開墾地	その他

標高

高山	中山	低山	平地

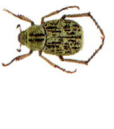

65 ★

ヒメアシナガコガネ　*Ectinohoplia obducta*

1-2：大分県由布市，3：鹿児島県枕崎市，4：神奈川県川崎市，5：秋田県男鹿市，6：福島県南会津町，7：長野県松本市，8：神奈川県川崎市，9：秋田県男鹿市，10：岐阜県高山市，11：秋田県北秋田市，12-13：秋田県仙北市，14：大分県由布市，15：高知県本川村，16：秋田県仙北市，17：神奈川県川崎市，18：高知県香美市，19：神奈川県川崎市，20：大阪府千早赤阪村．

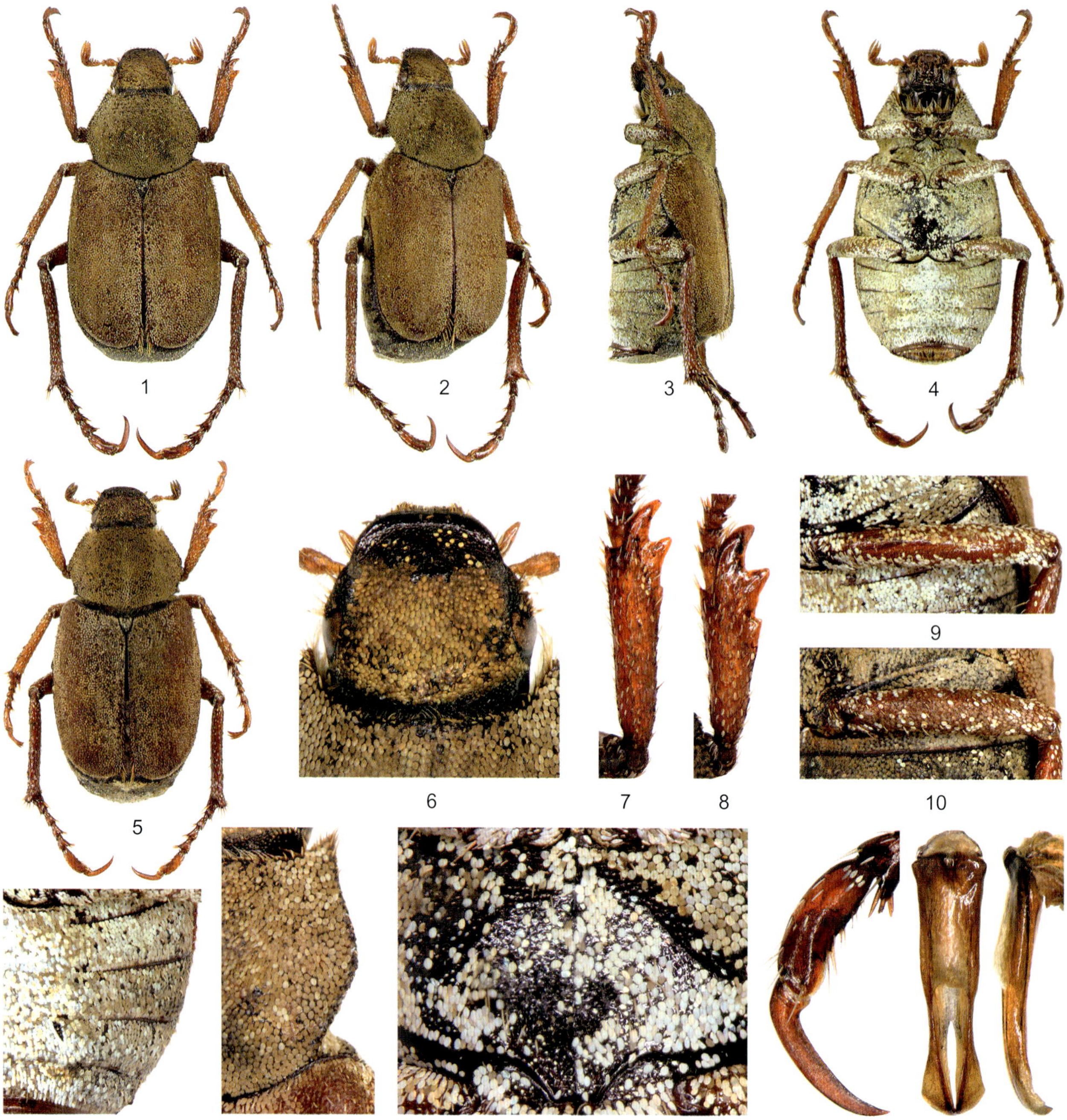

264　カバイロアシナガコガネ

Hopliini　アシナガコガネ族

***Ectinohoplia rufipes* (Motschulsky, 1860)**

体長　7.5〜11.0 mm　**特徴**　上面は暗黄灰色の円型鱗片に，下面は明黄色または暗黄灰色の鱗片に密におおわれる．頭楯前縁は直線状，その前角は十分に丸い．前胸背板は側縁中央で鋭くカーブし，後角は丸い．腹部はまばらに剛毛を散布する．前脚フ節第2〜4節は短く，強く広がる．後脚爪は単純で裂けることはない．斑紋には変異が多い〔1-4：♂，5：♀，6：頭部，7：♂前脛節，8：♀前脛節，9：♂後腿節，10：♀後腿節，11：腹部，12：前胸背板，13：後胸腹板，14：♂後脚爪，15：♂交尾器背面，16：♂交尾器側面〕

雌雄の区別　交尾器による．♂後腿節は♀より細く，♂前脛節も♀よりやや細い．

生態　シイなどの樹木の花に集まる．対馬には多産する．

分布　北海道，国後島，本州，四国，九州，壱岐，対馬；朝鮮半島，済州島，中国北東部，ロシア沿海州，サハリン

発生

1月	2月	3月	4月	5月	6月	7月	8月	9月	10月	11月	12月

環境

森林	開墾地	その他

標高

高山	中山	低山	平地

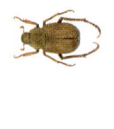

65 ★★★

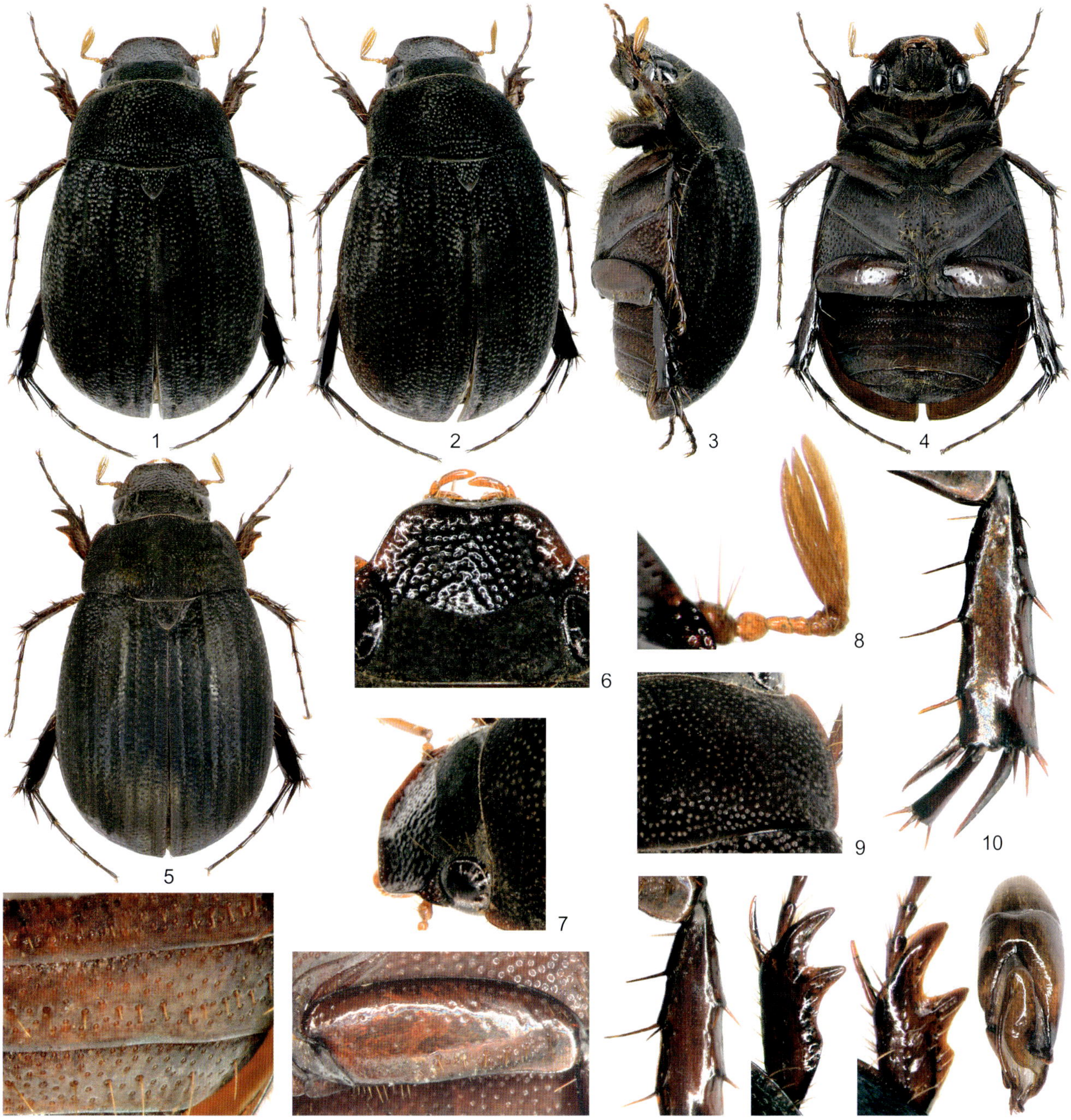

265　ビロウドコガネ　　Sericini　ビロウドコガネ族

***Maladera* (*Maladera*) *japonica* (Motschulsky, 1860)**

体長　8.0〜9.5 mm　**特徴**　前脛節は3外歯をそなえる．第3歯は鈍く，時として不明瞭．後腿節の長さは幅の2.8倍程度で，やや大きい〜大きい点刻をまばらにそなえ，後縁の先端角はやや角張る．後脛節は後腿節と等長か，あるいはやや長い．沖縄県を除く地域で，前脛節に3外歯をそなえる*Maladera*属は本種のみ．ヤエヤマビロウドコガネに似るが，沖縄県では記録が無い．〔1-4：♂，5：♀，6：頭楯，7：頭部側面，8：♂触角，9：前胸背板，10：後脛節，11：腹部，12：後腿節，13：後脛節基部，14：♂前脛節，15：♀前脛節，16：♂交尾器背面〕

雌雄の区別　触角は10節で，片状部は3節．♂の片状部は柄部とほぼ等長で，♀では短い．

生態　日中は草本の葉上や花上で見られるほか，夜間灯火にも集まる．

分布　北海道，本州，佐渡島，四国，九州，対馬

発生	1月	2月	3月	4月	5月	6月	7月	8月	9月	10月	11月	12月

環境	森林	開墾地	その他

標高	高山	中山	低山	平地

67 ★

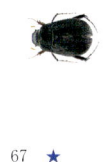

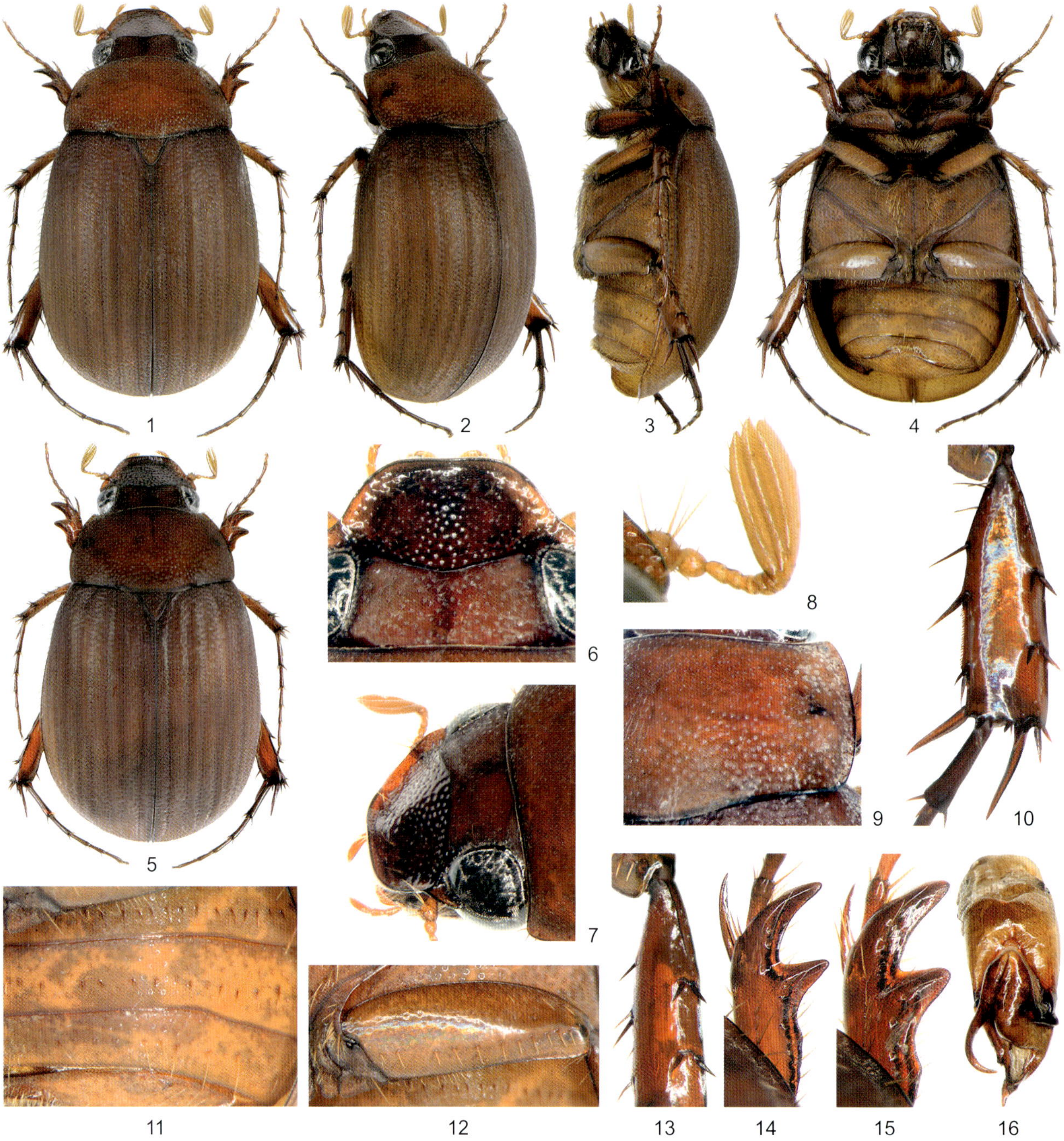

266　ヤエヤマビロウドコガネ

Sericini　ビロウドコガネ族

***Maladera* (*Maladera*) *yaeyamana* Nomura, 1963**

体長　7.8〜9.8 mm　**特徴**　前脛節は3外歯をそなえる．第3歯は鈍く，時として不明瞭．前種によく似るが，後腿節の長さは幅の2.6倍程度で，小さな点刻を非常にまばらにそなえ，後縁の先端角はやや丸みを帯びる．後脛節の長さは後腿節よりもほとんどの場合短い．前種と比較して点刻はまばらで，後腿節・前胸背板・尾節板の点刻は弱く小さい．〔1-4：♂，5：♀，6：頭楯，7：頭部側面，8：♂触角，9：前胸背板，10：後脛節，11：腹部，12：後腿節，13：後脛節基部，14：♂前脛節，15：♀前脛節，16：♂交尾器背面〕

雌雄の区別　触角は10節で，片状部は3節．♂の片状部は柄部とほぼ等長で，♀では短い．

生態　日中は草本の葉上や花上で見られるほか，夜間灯火にも集まる．

分布　宮古島，石垣島，西表島，与那国島

発生

1月	2月	3月	4月	5月	6月	7月	8月	9月	10月	11月	12月

環境

森林	開墾地	その他

標高

高山	中山	低山	平地

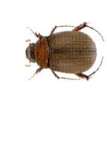

67 ★★★

267 ニセヤエヤマビロウドコガネ　　　　　　　　　　　　　　　　　　　　　　　Sericini　ビロウドコガネ族
Maladera (*Maladera*) *horii* H. Kobayashi, 2010

体長　7.5〜8.5 mm　　**特徴**　前脛節は3外歯をそなえ，全体的な外観は同所に分布するヤエヤマビロウドコガネに非常によく似ているが，やや小型で，体は横から見てより中高となる．上翅の点刻はやや粗く密となる．後脛節は短くやや幅が広く，外側の基部1/3には鈍く，ヤエヤマビロウドコガネよりも長い細鋸歯状隆起がある．〔1-4：♂，5：♀，6：頭楯，7：頭部側面，8：♂触角，9：前胸背板，10：後脛節，11：腹部，12：後腿節，13：後脛節基部，14：♂前脛節，15：♀前脛節，16：♂交尾器背面〕

雌雄の区別　触角は10節で，片状部は3節．♂の片状部は柄部とほぼ等長，♀ではわずかに短い．
生態　夜間灯火に集まった個体がわずかに知られるのみ．

分布　石垣島

268 オオビロウドコガネ
Sericini　ビロウドコガネ族
***Maladera* (*Maladera*) *renardi* (Ballion, 1871)**

体長　8.0〜10.6 mm　**特徴**　前脛節は2外歯をそなえる．前頭の前方部分には光沢がある．前胸背板の前縁は前角付近を除き刺毛を欠く．各腹板には1列となった毛をよそおう．後腿節には光沢を欠く．後脛節の基部には細鋸歯状隆起をもつ個体が多い．後フ節の下面にはそれぞれ1〜数本の短刺毛をそなえるが，このような特徴をもつものは本亜属中では本種とホソビロウドコガネが知られるのみ．〔1-4：♂，5：♀，6：頭楯，7：頭部側面，8：前胸背板，9：後脛節，10：腹部，11：後腿節，12：後フ節，13：後脛節端棘，14：後脛節基部，15：♂交尾器背面〕

雌雄の区別　触角は10節で，片状部は3節．♂の片状部は柄部の1.4倍で，♀ではほぼ等長．

生態　日中は河川敷や草原などの草本の葉上や花上で見られ，夜間は灯火に集まる．

分布　本州，四国，九州，対馬；朝鮮半島，アムール

269 ホソビロウドコガネ Sericini ビロウドコガネ族
***Maladera* (*Maladera*) *holosericea* (Scopoli, 1772)**

体長 9.0〜10.0 mm **特徴** 前脛節は2外歯をそなえ，前頭の前方部分には光沢がある．前胸背板の前縁は中央付近まで後方に反り返った刺毛をそなえることが多い．各腹板には1列となった毛をよそおう．後腿節には明瞭な光沢を欠く．後フ節の下面には1〜数本の短刺毛をそなえる．オオビロウドコガネに似るが，前胸背板前縁の毛および上翅間室にまばらな刺毛列をそなえる点で異なる．〔1-4：♂，5：♀（北朝鮮産），6：頭楯，7：頭部側面，8：前胸背板，9：後脛節，10：腹部，11：後腿節，12：後フ節，13：後脛節端棘，14：後脛節基部，15：♂交尾器背面〕

雌雄の区別 触角は10節で，片状部は3節．♂の片状部は柄部の1.7倍で，♀ではやや長い．

生態 主に灯火に集まる．最近になって記録された．対馬に土着する種かどうか，はっきりとしない．

分布 対馬；朝鮮半島，モンゴル，中央アジア，ロシア，ヨーロッパ

270 ヒメビロウドコガネ　　　　　　　　　　　　　　　　　　　　　Sericini　ビロウドコガネ族
***Maladera* (*Maladera*) *orientalis* (Motschulsky, 1857)**

|体長| 7.8〜9.8 mm　|特徴| 前脛節は2外歯をそなえる．触角は本種のみ9節からなる．前胸背板の点刻は深く密で，前縁には中央部分にも横から見て後方に反り返った刺毛列がある．古い個体では中央部に毛を欠くことがあるが，その場合でも点刻列として刺毛があったことを確認できる．各腹板には1列となった毛をよそおう．後腿節は後縁を除き光沢を有する．〔1-4：♂，5：♀，6：頭楯，7：頭部側面，8：♂触角，9：前胸背板，10：後脛節，11：腹部，12：後腿節，13：後脛節基部，14：♂前脛節，15：♀前脛節，16：♂交尾器背面〕

|雌雄の区別| 触角は9節で，片状部は3節．♂の片状部は柄部とほぼ等長で，♀では短い．
|生態| 日中は河川敷などの草本の葉上や花上で見られ，夜間は灯火に集まる．

|分布| 北海道，本州，佐渡島，伊豆諸島，隠岐諸島，四国，九州；朝鮮半島，中国

271 スジビロウドコガネ　　　　　　　　　　　　　　　　　　　　　　　Sericini　ビロウドコガネ族
***Maladera* (*Maladera*) *cariniceps* (Moser, 1915)**

体長　7.8〜9.8 mm　　**特徴**　前脛節は2外歯をそなえる．前胸背板の点刻はやや浅くまばらで，前縁には中央部分にも横から見て後方に反り返った刺毛列がある．しばしば中央部の毛が不明瞭となるが，その場合でも点刻列として刺毛があったことを確認できる．各腹板には1列となった毛をよそおう．後腿節には明らかな光沢を欠くことでヒメビロウドコガネと区別できる．〔1-4：♂，5：♀，6：頭楯，7：頭部側面，8：♂触角，9：前胸背板，10：後脛節，11：腹部，12：後腿節，13：後脛節基部，14：♂前脛節，15：♀前脛節，16：♂交尾器背面〕

雌雄の区別　触角は10節で，片状部は3節．♂の片状部は柄部よりもわずかに短く，♀ではより短い．
生態　夜間灯火に集まるが少ない．主に河川敷や耕作地など，低地の人為的環境で見つかる．

分布　九州，五島列島，対馬

272 リュウキュウビロウドコガネ
Sericini ビロウドコガネ族
Maladera* (*Maladera*) *oshimana Nomura, 1962

体長 8.6〜10.6 mm　**特徴** 前脛節は2外歯をそなえる．頭楯の点刻および表面の形状には変化が多い．前胸背板前縁には中央部分にも横から見て後方に反り返った刺毛列がある．しばしば中央部の毛が不明瞭となるが，その場合でも点刻列として刺毛があったことを確認できる．各腹板に不規則に並んだ毛をよそおうのが本種の特徴．後腿節には光沢を欠くか，または後方1/3を除いて光沢がある．〔1-4：♂，5：♀，6：頭楯，7：頭部側面，8：前胸背板，9：後脛節，10：腹部，11：後腿節，12：前脛節基部，13-15：♂交尾器背面〕

雌雄の区別 触角は10節で，片状部は3節．♂の片状部は柄部よりもやや長く，♀では短い．

生態 日中は草本の葉上や花上で見られるほか，夜間灯火にも集まる．地域や個体による変異の幅が大きい．

分布 トカラ列島，奄美諸島，沖縄諸島，慶良間諸島，宮古諸島，八重山諸島

273 カワイビロウドコガネ（新称）　　　　　　　　　　　　　　　　　　Sericini　ビロウドコガネ族
***Maladera* (*Maladera*) *kawaii* H. Kobayashi, 2010**

体長 7.5〜8.5 mm　　**特徴** 全体的な外観は同所に分布するリュウキュウビロウドコガネによく似ているが，やや小型で，体色は黒味がかるものが多いこと，腹板には不規則に並んだ2〜3列の短い刺毛をそなえること，後腿節の後縁角はやや角張ることなどで区別できる．ただし，腹板の刺毛の配列は個体により一定でないことから，リュウキュウビロウドコガネと見誤りやすい．〔1-4：♂，5：♀，6：頭楯，7：頭部側面，8：前胸背板，9：後脛節，10：腹部，11：後腿節，12：後脛節基部，13：♂交尾器背面，14：♂交尾器側面〕

雌雄の区別 触角は10節で，片状部は3節．♂の片状部は柄部よりわずかに短く，♀ではさらに短い．
生態 冬季に発生し，夜間灯火に集まる．
分布 石垣島，西表島

274　オオマルビロウドコガネ　　　　　　　　　　　　　　　　　　　　Sericini　ビロウドコガネ族
Maladera (_Maladera_) _opima_ Nomura, 1967

体長　11.0～11.5 mm　**特徴**　大型で，前脛節は2外歯をそなえる．頭楯は密に点刻され，数本の毛を横に配列する．前胸背板前縁には中央部を除き立毛をそなえる．各腹板にはほぼ1列に並んだ毛をよそおう．後腿節には明らかな光沢を欠くが，しばしば鈍い虹色光沢をそなえる．後脛節は幅の3倍の長さで基部外側には鋸歯状隆起を欠き，先端1/3は平滑．後フ節の下面には毛を欠く．〔1-4：♂，5：♀，6：頭楯，7：頭部側面，8：前胸背板，9：後脛節，10：腹部，11：後腿節，12：後フ節，13：後脛節端棘，14：後脛節基部，15：♂交尾器背面〕

雌雄の区別　触角は10節で，片状部は3節．♂の片状部は柄部の1.4倍で，♀では1.1倍．
生態　夜間灯火に集まる．

分布　宮古島，石垣島，西表島

275 ダンジョビロウドコガネ

Sericini　ビロウドコガネ族

***Maladera* (*Maladera*) *ejimai* Y. Miyake et Imasaka, 1987**

体長　9.0〜9.5 mm　　**特徴**　体表面は光沢を欠き，虹色光沢をもたない．頭楯は比較的大きな点刻をやや密にそなえ，前縁近くでやや横溝状となる．第3〜5腹板にはほぼ1列に並んだ毛をよそおうが，第2腹板の両側には微細な毛を散在させる．後腿節は光沢があるが，後縁全体に光沢を欠く．後脛節の外側には鋸歯状隆起を欠き，ほとんど点刻を欠く．後フ節の下面には毛を欠く．〔1-4：♂，5：♀，6：頭楯，7：頭部側面，8：前胸背板，9：後脛節，10：後フ節，11：腹部，12：後腿節，13：後脛節端棘，14：後脛節基部，15：♂交尾器背面，16：♂交尾器側面〕

雌雄の区別　触角は10節で，片状部は3節．♂の片状部は柄部よりわずかに長く，♀ではほとんど等長．

生態　夜間灯火に集まるが，詳細は不明．男女群島からのみ知られる．

分布　男女群島

276 ヤンバルビロウドコガネ
Sericini　ビロウドコガネ族
Maladera (*Maladera*) *imasakai* Y. Miyake et Yamaya, 1995

体長　7.5～8.5 mm　　**特徴**　通常，頭部と後縁付近を除く前胸背板にかなり強い光沢がある．頭楯はやや皺状に密に点刻され前方に横溝をもつ．前胸背板前縁は前角付近以外に毛を欠く．上翅間室の点刻は小さくまばら．各腹板の毛はほぼ1列に並ぶ．後腿節は後縁前半部を除き光沢があり後縁角は丸い．後脛節外側は鋸歯状隆起を欠き先端1/3は平滑．クニガミビロウドコガネとは後腿節の形状，上翅間室の点刻で区別できる．〔1-4：♂，5：♀，6：頭楯，7：頭部側面，8：前胸背板，9：後脛節，10：腹部，11：後腿節，12：後フ節，13：後脛節端棘，14：後脛節基部，15：♂交尾器背面〕

雌雄の区別　触角は10節で，片状部は3節．♂の片状部は柄部よりわずかに短く，♀では明らかに短い．

生態　夜間灯火に集まる．

分布　沖縄島

277 クニガミビロウドコガネ Sericini ビロウドコガネ族
Maladera* (*Maladera*) *kunigami H. Kobayashi, Kusui et Imasaka, 2006

体長 8.5〜9.0 mm **特徴** 頭部にはかなり強い光沢を有するが，前胸背板は♂ではほとんど光沢を欠き，♀では光沢は弱い．頭楯はやや皺状に密に点刻される．前胸背板前縁は前角付近を除き毛を欠く．上翅間室の点刻は基部付近では粗く密．各腹板にはほぼ1列に並んだ毛をよそおう．後腿節は光沢があるが，後縁前半部は光沢を欠き，後縁角はやや角張る．後脛節外側には鋸歯状隆起を欠き，先端1/3は平滑．〔1-4：♂，5：♀，6：頭楯，7：頭部側面，8：前胸背板，9：後脛節，10：腹部，11：後腿節，12：後フ節，13：後脛節端棘，14：後脛節基部，15：♂交尾器背面〕

雌雄の区別 触角は10節で，片状部は3節．♂の片状部は柄部とほぼ等長で，♀では短い．
生態 夜間灯火に集まる．

分布 沖縄島

278 ヤクシマビロウドコガネ
Maladera (Maladera) yakushimana H. Kobayashi, Kusui et Imasaka, 2006

Sericini　ビロウドコガネ族

体長　8.5〜9.0 mm　**特徴**　頭楯は粗く密に点刻され，中央は瘤状にならない．前胸背板前縁は前角付近を除き毛を欠く．後腿節全体に光沢があり，光の方向によってはかなり強い虹色光沢を有する．後脛節は幅の3.3倍の長さで基部外側には鋸歯状隆起を欠き，先端1/3は平滑．クニガミビロウドコガネとは，後腿節全体に光沢があること，上翅間室の点刻が細かくかなりまばらであることなどから区別できる．〔1-4：♂，5：♀，6：頭楯，7：頭部側面，8：前胸背板，9：後脛節，10：腹部，11：後腿節，12：後フ節，13：後脛節端棘，14：後脛節基部，15：♂交尾器背面〕

雌雄の区別　交尾器で区別．

生態　夜間灯火に集まる．屋久島からのみ知られる．

分布　屋久島

279　カミヤビロウドコガネ　　　　　　　　　　　　　　　　　　　　　　　　　Sericini　ビロウドコガネ族
***Maladera* (*Maladera*) *kamiyai* (Sawada, 1937)**

体長　8.0〜9.0 mm　　**特徴**　体表面は虹色光沢を有する．頭楯は皺状に点刻され，前方に明らかな横溝をそなえる．前胸背板前縁は前角付近を除き毛を欠く．各腹板にはほぼ1列に並んだ毛をよそおう．後腿節には後縁の先端半分を除き鈍い光沢があり，全体に虹色光沢を帯びる．後脛節は幅の3倍の長さで，基部外側には短い鋸歯状隆起があり点刻されるが，先端近くでは平滑．後胸腹板突起の先端は尖る．〔1-4：♂，5：♀，6：頭楯，7：頭部側面，8：前胸背板，9：後脛節，10：腹部，11：後腿節，12：後フ節，13：後脛節端棘，14：後脛節基部，15：♂交尾器背面〕

雌雄の区別　触角は10節で，片状部は3節．♂の片状部は柄部とほぼ等長で，♀では短い．

生態　日中は草本の葉上や花上で見られ，夜間は灯火に集まる．

分布　本州，粟島，隠岐諸島，四国，九州，五島列島，口永良部島，屋久島

280 アマミビロウドコガネ
Maladera (*Maladera*) *amamiana* Nomura, 1959

Sericini　ビロウドコガネ族

体長　7.8〜9.0 mm　**特徴**　頭楯は強くやや密に点刻され，中央はやや高まり前方は溝状にならない．前胸背板前縁は前角付近を除き毛を欠く．各腹板の毛はほぼ1列に並ぶ(第5腹板中央では2列)．後腿節は先半分の後縁を除き強い光沢がある．後脛節は幅の3.6倍の長さで基部外側には短い鋸歯状隆起があり点刻されるが，先端半分の中央部は平滑．カミヤビロウドコガネとは頭楯の点刻，後腿節に強い虹色光沢を欠く点で異なる．〔1-4：♂，5：♀，6：頭楯，7：頭部側面，8：前胸背板，9：後脛節，10：腹部，11：後腿節，12：後フ節，13：後脛節端棘，14：後脛節基部，15：♂交尾器背面〕

雌雄の区別　触角は10節で，片状部は3節．♂の片状部は柄部の1.4倍で，♀では1.1倍．
生態　夜間灯火に集まるが少ない．

分布　奄美大島

281 イノカワダケビロウドコガネ Sericini ビロウドコガネ族
Maladera (Maladera) tokunoshimana H. Kobayashi, Kusui et Imasaka, 2006

体長 8.5〜9.0 mm **特徴** 頭楯は大きな点刻をそなえるが皺状にならない．前胸背板前縁は前角付近を除き毛を欠く．後腿節は鈍い光沢があり，かなり強い虹色光沢を持つが，後縁の先端半分には光沢を欠く．後脛節は幅の3.3倍の長さで基部外側には短い鋸歯状隆起があり，先端2/3は平滑．カミヤビロウドコガネに似るが，頭楯の点刻が皺状にならないことや，後腿節の形状などから区別できる．〔1-4：♂，5：♀，6：頭楯，7：頭部側面，8：前胸背板，9：後脛節，10：腹部，11：後腿節，12：後フ節，13：後脛節端棘，14：後脛節基部，15：♂交尾器背面〕

雌雄の区別 触角は10節で，片状部は3節．♂の片状部は柄部とほぼ等長で，♀では短い．

生態 夜間灯火に集まる．徳之島からのみ知られている．

分布 徳之島

282　ヒメアマミビロウドコガネ　　　　　　　　　　　　　　　　　　　Sericini　ビロウドコガネ族
***Maladera* (*Maladera*) *inadai* H. Kobayashi, 2010**

体長　8.5～9.5 mm　　**特徴**　頭楯は中央がやや隆起し，前縁後方には細い凹部があり，不揃いな点刻をやや密にそなえる．上翅および，後腿節にはやや強い虹色光沢がある．徳之島に産するイノカワダケビロウドコガネに非常に似ていて，♂では交尾器の形状から比較的容易に区別できるが，♀では外部形態から区別するのは難しい．〔1-4：♂，5：♀，6：頭楯，7：頭部側面，8：前胸背板，9：後脛節，10：腹部，11：後腿節，12：後フ節，13：後脛節端棘，14：後脛節基部，15：♂交尾器背面〕

雌雄の区別　触角は10節で，片状部は3節．♂の片状部は柄部よりわずかに短い，♀ではより短い．
生態　夜間灯火に集まった個体だけが知られる．奄美大島からのみ記録されている．

分布　奄美大島

283 オキナワビロウドコガネ　　　　　　　　　　　　　　　　　　　　　Sericini　ビロウドコガネ族
Maladera (*Maladera*) *okinawaensis* H. Kobayashi, 1978

体長　7.5〜8.0 mm　　**特徴**　体表面に強い虹色光沢をもつことで他種と区別しやすい．頭楯は強く密に点刻され，前縁付近は平圧されるが溝状とならず，数本の毛を横に配列する．前胸背板前縁は前角付近を除き毛を欠く．各腹板の毛はほぼ1列に並ぶ．後腿節にはかなり強い光沢があるが，後縁の先端半分には光沢を欠く．後脛節の基部外側には短い鋸歯状隆起がある．点刻は非常にまばらでほとんど平滑．〔1-4：♂，5：♀，6：頭楯，7：後腿節，8：上翅，9：後脛節，10：前胸背板，11：腹部，12：♂後脛節端棘，13：♀後脛節端棘，14：後脛節基部，15：♂交尾器背面〕

雌雄の区別　触角は10節で，片状部は3節．♂の片状部は柄部とほぼ等長で，♀では短い．

生態　夜間灯火に集まるが少ない．

分布　沖縄島

284　ムナクボビロウドコガネ　　　　　　　　　　　　　　　　　　　　　　　　Sericini　ビロウドコガネ族
***Maladera* (*Maladera*) *impressithorax* Nomura, 1973**

体長　7.0〜8.5 mm　　**特徴**　光を当てると体表面はかなり強い虹色光沢を呈する．頭楯は皺状に点刻され，前縁に沿って横溝がある．前胸背板の中央後方は明らかに平圧されるか，あるいはわずかに凹む．各腹板にはほぼ1列に並んだやや長い毛をよそおう．後脛節の基部外側には短い鋸歯状隆起があり点刻されるが，先端半分は平滑．後脛節の端棘は♂♀ともに第1フ節の長さの2/3，あるいはそれよりも長い．〔1-4：♂，5：♀，6：頭楯，7：後腿節，8：上翅，9：後脛節，10：前胸背板，11：腹部，12：♂後脛節端棘，13：♀後脛節端棘，14：後脛節基部，15：♂交尾器背面〕

雌雄の区別　触角は10節で，片状部は3節．♂の片状部は柄部とほぼ等長で，♀では短い．

生態　日中は草本の葉上や花上で見られるほか，夜間灯火にも集まる．

分布　奄美諸島（奄美大島，徳之島）

285　オキノエラブビロウドコガネ　　　　　　　　　　　　　　　　　　　　Sericini　ビロウドコガネ族
***Maladera* (*Maladera*) *okinoerabuana* H. Kobayashi, 1978**

体長　7.8〜8.5 mm　　**特徴**　体表面は虹色光沢を有する．頭楯は皺状に点刻され，前縁に沿って横溝がある．前胸背板の中央後方は平圧部を欠くが，時としてかすかに平圧される．後脛節の基部外側には短い鋸歯状隆起があり点刻されるが，先端半分は平滑．また，端棘は♂では第1フ節の長さの半分，♀ではより長い．ムナクボビロウドコガネとは，前胸背板側縁の形状，後脛節の端棘の長さなどで区別できる．〔1-4：♂，5：♀，6：頭楯，7：後腿節，8：上翅，9：後脛節，10：前胸背板，11：腹部，12：♂後脛節端棘，13：♀後脛節端棘，14：後脛節基部，15：♂交尾器背面〕

雌雄の区別　触角は10節で，片状部は3節．♂の片状部は柄部とほぼ等長で，♀では短い．

生態　夜間灯火に集まる．

分布　沖永良部島，徳之島，硫黄鳥島

286　ウルマビロウドコガネ
Maladera (*Maladera*) *kawaharai* H. Kobayashi, 2010

Sericini　ビロウドコガネ族

体長　8.5〜9.0 mm　**特徴**　ヤクシマビロウドコガネに外観は非常に似ているが，頭楯は密にやや皺状の点刻をそなえ中央は盛り上がり，後腿節に弱い虹色光沢があり後縁前半部は光沢を欠くことなどで区別できる．また沖縄島に分布するクニガミビロウドコガネともよく似ているが，後脛節外側には鈍く短い鋸歯状隆起をそなえることで区別できる．〔1-4：♂，5：♀，6：頭楯，7：頭部側面，8：前胸背板，9：後脛節，10：後フ節，11：腹部，12：後腿節，13：後脛節端棘，14：後脛節基部，15：♂交尾器背面〕

雌雄の区別　触角は10節で，片状部は3節．♂の片状部は柄部の0.8倍，♀ではそれよりも短い．

生態　夜間灯火に集まった個体のみが知られているにすぎない．

分布　沖縄島

287 イヘヤジマビロウドコガネ Sericini ビロウドコガネ族
Maladera* (*Maladera*) *kusuii Y. Miyake, 1986

体長 7.6〜8.5 mm **特徴** 体表面にはかなり強い虹色光沢を有する．頭楯は皺状に点刻され，前胸背板前縁は前角付近を除き毛を欠く．各腹板にはほぼ1列に並んだ毛をよそおう．後腿節は全体に光沢を有する．後脛節の基部外側には短い鋸歯状隆起がある．点刻は基部近くにまばらにあるがほとんど平滑．オキナワビロウドコガネとは頭楯が皺状に点刻され，後脛節全体に光沢があることなどで区別できる．♀は未知．〔1-4：♂，5：頭楯，6：頭部，7：前胸背板側縁，8：後脛節，9：後フ節，10：腹部，11：後腿節，12：後脛節端棘，13：後脛節基部，14：♂交尾器背面〕

雌雄の区別 触角は10節で，片状部は3節．♂の片状部は柄部より短い．
生態 夜間灯火に集まるが，わずかな個体が知られているだけである．

分布 伊平屋島

288　アカビロウドコガネ　　　　　　　　　　　　　　　　　　　　Sericini　ビロウドコガネ族
***Maladera* (*Maladera*) *castanea* (Arrow, 1913)**

|体長| 8.0〜10.5 mm　|特徴| 前脛節は2外歯をそなえる．頭楯は密に点刻され，中央には鈍い縦隆がある．前頭には短い毛を散在させる．前胸背板前縁は前角付近を除き毛を欠く．各腹板にはほぼ1列に並んだ毛をよそおう．後腿節は虹色光沢をそなえ，幅は長さの2.5倍．後脛節は幅の2.7倍の長さで基部外側には鋸歯状隆起を欠き，両側を除いてほとんど点刻されない．後フ節の下面には毛を欠く．〔1-4：♂，5：♀，6：頭楯，7：頭部，8：前胸背板，9：後脛節，10：腹部，11：後腿節，12：♂前脛節，13：♀前脛節，14：♂交尾器背面〕

|雌雄の区別| 触角は10節で，片状部は3節．♂の片状部は柄部よりもやや長く，♀では短い．

|生態| 日中は草本の葉上や花上で見られ，夜間は灯火に集まる．

|分布| 北海道，本州，飛島，粟島，佐渡島，隠岐諸島，伊豆諸島，四国，九州，五島列島，壱岐，対馬，大隅諸島；朝鮮半島，サハリン

289 トカラビロウドコガネ

Sericini ビロウドコガネ族

***Maladera* (*Maladera*) *satoi* Nomura, 1961**

体長 7.5〜9.3 mm **特徴** 前脛節は2外歯をそなえる．頭楯は密に点刻され，中央には鈍い縦隆がある．前頭は眼の付近を除き毛を欠くことで，アカビロウドコガネと区別できる．前胸背板前縁は前角付近を除き毛を欠く．各腹板にはほぼ1列に並んだ毛をよそおう．後腿節には鈍い虹色光沢をそなえ，幅は長さの2.6倍．後脛節は扁平，幅の2.8倍の長さで，中央部は広くほとんど点刻を欠き平滑．後フ節の下面には毛を欠く．〔1-4：♂，5：♀，6：頭楯，7：頭部側面，8：前胸背板，9：後脛節，10：腹部，11：後腿節，12：♂前脛節，13：♀前脛節，14：♂交尾器背面〕

雌雄の区別 触角は10節で，片状部は3節．♂の片状部は柄部よりもわずかに長く，♀では短い．

生態 夜間灯火に集まる．

分布 大隅諸島（黒島，屋久島），トカラ列島（口之島，中之島）

290　マルガタビロウドコガネ　原名亜種　　　　　　　　　　　　　　　　　　　　　　　Sericini　ビロウドコガネ族
Maladera (*Maladera*) *secreta secreta* (Brenske, 1897)

体長　9.0〜11.5 mm　**特徴**　前脛節は2外歯をそなえる．頭楯は密に点刻され，前縁近くに横溝があり，そこに数本の毛をよそおう．前胸背板前縁は前角付近を除き毛を欠く．各腹板にはほぼ1列に並んだ毛をよそおう．後腿節は幅が広く，虹色光沢をそなえる．前縁は細鋸歯状となり，後縁角は角張るか小さく尖る．後脛節は扁平で幅の2.6倍の長さで，基部および両側に点刻を散在させる．後フ節の下面には毛を欠く．〔1-4：♂，5：♀，6：頭楯，7：頭部側面，8：前胸背板，9：後脛節，10：腹部，11：後腿節，12：♂前脛節，13：♀前脛節，14：♂交尾器背面〕

雌雄の区別　触角は10節で，片状部は3節．♂の片状部は柄部よりやや長く，♀ではほぼ等長．

生態　日中は草本の葉上や花上で見られ，夜間は灯火に集まる．別亜種が台湾に産する．

分布　本州，佐渡島，伊豆大島，隠岐諸島，四国，九州，五島列島，対馬，屋久島

291 チビビロウドコガネ
Sericini ビロウドコガネ族
Maladera (*Eumaladera*) *nitidiceps* Nomura, 1967

体長 5.0〜7.3 mm **特徴** 頭楯は密に点刻され，直立した毛を散生する．前胸背板前縁は比較的長い刺毛列をそなえる．各腹板は細長い毛をもった点刻を散在させる．後腿節には鈍い光沢があり，前縁は細鋸歯状となる．後脛節は幅の2.7倍の長さで外側には長い鋸歯状隆起を有し，短毛をそなえた点刻を散在させる．後フ節の下面には1〜数本の短刺毛をそなえる．上翅に長い毛がないことでヨナグニチビビロウドコガネと区別できる．〔1-4：♂，5：♀，6：頭楯，7：頭部側面，8：上翅，9：後脛節，10：腹部，11：後腿節，12：後フ節，13：後脛節基部，14：♂交尾器背面〕

雌雄の区別 触角は10節で，片状部は3節．♂の片状部は柄部の1.4倍で，♀ではほぼ等長．

生態 海岸や河川の砂地を好み，夜間灯火に集まる．

分布 石垣島，西表島

292-1　ツヤビロウドコガネ　原名亜種　　　　　　　　　　　　　　　Sericini　ビロウドコガネ族
Maladera (*Eumaladera*) *nitididorsis nitididorsis* Nomura, 1967

体長　7.6〜8.2 mm　**特徴**　前脛節は2外歯をそなえる．頭楯は密に点刻され，直立した毛を散生する．前胸背板前縁は比較的長い刺毛列をもつ．各腹板は細長い毛をもった点刻を散在させる．後腿節には光沢があり前縁は細鋸歯状となる．後脛節は幅の3倍の長さで外側には長い鋸歯状隆起をもち，基半部と両側に点刻をそなえる．後フ節の下面には4〜6本の短刺毛をそなえる．背面に光沢をもつことで，チビビロウドコガネと区別できる．〔1-4：♂，5：♀，6：頭楯，7：頭部側面，8：上翅，9：後脛節，10：腹部，11：後腿節，12：後フ節，13：後脛節基部，14：♂交尾器背面〕

雌雄の区別　触角は10節で，片状部は3節．♂の片状部は柄部の1.5倍で，♀では1.2倍の長さ．

生態　夜間灯火に集まるが，詳細は不明．

分布　奄美大島

292-2　ツヤビロウドコガネ　徳之島亜種　　　　　　　　　　　　　　　　　　　　　　　　Sericini　ビロウドコガネ族
Maladera (*Eumaladera*) *nitididorsis ootsuboi* H. Kobayashi, 2009

体長　8.5～10.0 mm　**特徴**　原名亜種とは体がやや大型であること，上翅第3，第5，第8間室にかなり長い刺毛列をそなえる（原名亜種では第8間室のみ明瞭）ことで区別できる．また，背面の色彩は赤褐色から黒褐色まで変化が見られる．その他の形態的な特徴は原名亜種と大きな違いは見られないものの，♂交尾器の形態については明瞭な差異が認められる．〔1-4：♂，5：♀，6：頭楯，7：頭部側面，8：上翅，9：後脛節，10：腹部，11：後腿節，12：後フ節，13：後脛節基部，14：♂交尾器背面〕

雌雄の区別　触角は10節で，片状部は3節．♂の片状部は柄部の1.3倍で，♀ではほぼ等長．
生態　夜間灯火に集まるが少なく，詳細は不明．
分布　徳之島

293 ヨナグニチビビビロウドコガネ Sericini ビロウドコガネ族
Maladera (Eumaladera) yonaguniensis H. Kobayashi, Kusui et Imasaka, 2006

体長 7.5mm **特徴** 前脛節は2外歯をそなえる．頭楯は密にやや皺状に点刻され，直立毛を散生する．前胸背板前縁には比較的長い刺毛列をそなえる．上翅には列状となった長い毛を散生させることで近縁の他種と区別できる．各腹板は不揃いな長さの毛を散在させる．後腿節には鈍い光沢があり，前縁は細鋸歯状となる．後脛節は幅の2.7倍の長さで外側には長い鋸歯状隆起を有し，粗く点刻される．後フ節の下面に短刺毛列をそなえる．〔1-4：♂，5：♀，6：頭楯，7：頭部側面，8：上翅，9：後脛節，10：腹部，11：後腿節，12：後フ節，13：後脛節基部，14：♂交尾器背面〕

雌雄の区別 触角は10節で，片状部は3節．♂の片状部は柄部の1.2倍で，♀ではほぼ等長．

生態 夜間灯火に集まるが少ない．

分布 与那国島

294　ミゾビロウドコガネ　　　　　　　　　　　　　　　　　　　　　Sericini　ビロウドコガネ族
Hoplomaladera saitoi H. Kobayashi, 1975

体長　8.5 mm　　**特徴**　黄褐色で，前胸背板と上翅には不明瞭な暗色紋を散在させる．頭楯の前縁は広く湾入する．外観が*Serica*属に似るが，中胸腹板は中基節間に垂直で前方に突出しない．上翅には短毛をまばらに散在させ，翅端には細い縁膜がある．後腿節後縁の先端2/3は細鋸歯状となる．後フ節は平滑で点刻されない．この属の日本産種は本種のみ．♀は未知で，確認されている個体も極めて少ない．〔1-4：♂，5：♂頭部，6：中胸腹板，7：後腿節，8：上翅，9：♂前胸背板側縁，10：後フ節，11：後脛節，12：♂交尾器背面，13：♂交尾器側面〕

雌雄の区別　♂触角は10節，片状部は3節で柄部よりもわずかに長い．

生態　現在までのところ西表島からのみ知られる．詳しい生態は不明．

分布　西表島

295　コヒゲシマビロウドコガネ　　　　　　　　　　　　　　　　　　　　Sericini　ビロウドコガネ族
***Gastroserica brevicornis* (Lewis, 1895)**

体長　6.0〜8.8 mm　　**特徴**　通常，頭部後方および前胸背板の2紋は暗色で，上翅の偶数間室は黒〜黒褐色となるが，中には黒色斑紋をほとんど欠くものがある．頭楯の前縁は湾入する．前胸背板の前角はやや突出し，直角に近い．上翅会合部にある刺毛は特に長く頑丈．後腿節の後縁下稜は細鋸歯状となる．〔1-4：♂，5：♀，6：♂頭部，7：♀頭部，8：上翅，9-10：色彩変異，11：♂前胸背板，12：♀前胸背板，13：♂尾節板側面，14：♀尾節板側面，15：後脛節端棘と第1フ節，16：♂交尾器背面〕

雌雄の区別　触角は10節で，片状部は♂では4節で柄部よりもやや長く，♀では3節で柄部より短い．

生態　夜間灯火に集まるほか，樹葉上や樹皮下からも得られる．

分布　本州，四国，九州

296　ヒゴシマビロウドコガネ　　　　　　　　　　　　　　　　　　　　　　　Sericini　ビロウドコガネ族
***Gastroserica higonia* (Lewis, 1895)**

体長　6.0〜8.3 mm　　**特徴**　色彩はコヒゲシマビロウドコガネに似る個体も多いが，やや赤褐色を帯びるものや，全体がほとんど黒色になるものがある．頭楯の前縁は直線状で，ほとんど湾入しない．前胸背板の前角は突出せず丸い．上翅会合部にある刺毛は特に長く頑丈．後腿節の後縁下稜は細鋸歯状となる．〔1-4：♂，5：♀，6：♂頭部，7：♀頭部，8：上翅，9-10：色彩変異，11：♂前胸背板，12：♀前胸背板，13：♂尾節板側面，14：♀尾節板側面，15：後脛節端棘と第1フ節，16：♂交尾器背面〕

雌雄の区別　触角は10節で，片状部は♂♀とも4節．♂の片状部は柄部よりもやや長く，♀では短い．
生態　夜間灯火に集まるほか，シイなどの樹葉上にも多く見られる．

分布　九州

297 オオシマビロウドコガネ

Sericini　ビロウドコガネ族

***Gastromaladera major* (Nomura, 1959)**

体長　9.8〜11.8 mm　**特徴**　一見したところ，*Maladera*属の種のような印象を受けるが，前胸側板の後方に明らかな横溝があることで区別できる．ただし，標本の作り方によっては前腿節が横溝と重なってしまい，見えにくい場合がある．後腿節の後縁上稜は細鋸歯状となり，後フ節は縦皺状の点刻をそなえる．〔1-4：♂，5：♀，6：♂頭部，7：♀頭部，8：後腿節，9：前胸側板の横溝，10：♂腹部側面，11：♀腹部側面，12：後脛節，13：後フ節，14：♂交尾器背面，15：♂交尾器側面〕

雌雄の区別　触角は10節で，片状部は3節．♂の片状部は柄部よりもやや長く，♀では短い．

生態　草本の葉上や花上で見られるほか，夜間灯火にも集まる．

分布　奄美大島，徳之島

298 ハイイロビロウドコガネ　　　　　　　　　　　　　　　　　　　　　　　Sericini　ビロウドコガネ族
Paraserica grisea (Motschulsky, 1866)

体長 7.5～10.0 mm　**特徴** 背面および腹面には横臥または斜立した細い毛を密生させるほか，長い直立した刺毛を散在させる．頭楯の前縁はかすかに湾入する．中基節の間は広く，中腿節の幅とほぼ等しい．上翅端には縁膜がある．後腿節後縁は単純で細鋸歯状とならない．後フ節は点刻を散在し，下面には短刺毛列をそなえる．〔1-4：♂，5：♀，6：♂頭部，7：♀頭部，8：上翅，9-10：色彩変異，11：中基節，12：後腿節，13：後脛節，14：後フ節，15：♂交尾器背面，16：♂交尾器側面〕

雌雄の区別 触角は9節で，片状部は♂♀とも3節．♂の片状部は柄部の約2倍で，♀では柄部とほぼ等長．
生態 日中は樹木の葉上や花上に見られ，夜間は灯火に集まる．
分布 北海道，本州，粟島，佐渡島，隠岐諸島，四国，九州；朝鮮半島，中国

299 ヤノウスグモビロウドコガネ
Pachyserica yanoi Nomura, 1959

Sericini　ビロウドコガネ族

体長　6.2〜8.0 mm　**特徴**　背面に短い鱗毛を散在させるのは日本では本種だけである．頭楯の前縁は角張って湾入する．中基節の間は広く，中腿節の幅とほぼ等しい．上翅の先端付近には通常黒色斑紋をそなえ，翅端には縁膜がある．後腿節後縁の先端半分は細鋸歯状となる．後フ節は通常縦長の点刻をそなえ，下面には短刺毛列を欠く．〔1-4：♂，5：♀，6：♂頭部，7：♀頭部，8：上翅，9：腹部，10：後腿節，11：後フ節，12：後脛節，13：♂前脛節，14：♀前脛節，15：♂交尾器背面〕

雌雄の区別　触角は10節で，片状部は♂は4節，♀は3節．♂の片状部は柄部とほぼ等長で，♀では短い．

生態　夜間灯火に集まる．

分布　石垣島，西表島

300 ケブカビロウドコガネ　　　　　　　　　　　　　　　　　　　　　　　　Sericini　ビロウドコガネ族
***Serica pilosa* (Nomura, 1971)**

体長　8.3〜10.5 mm　　**特徴**　上翅の毛は密で，各間室には2〜3列の不規則な毛をよそおう．頭部全体に光沢がある．
後腿節の毛は腿節の1/2〜1/3の長さ．中脛節は細くまっすぐ．前フ節は♂では前脛節とほぼ等長で，♀ではやや短い．
背面に密な毛をよそおうのは，日本産では本種だけであるが，時として上翅の毛が磨耗あるいは剥落した個体が見られ
ることで，同定が困難な場合がある．〔1-4：♂，5：♀，6：頭部，7：触角基部，8：前胸背板，9：色彩変異，10：後
腿節，11：上翅，12：前フ爪，13：♂前脚，14：♀前脚，15-16：♂交尾器背面〕

雌雄の区別　触角片状部は♂♀共に3節．♂の片状部は柄部の2.4〜2.6倍で，♀ではほぼ等長．
生態　夜間灯火に集まる．

分布　四国，九州

301 ハラグロビロウドコガネ
Serica takagii Sawada, 1937

Sericini　ビロウドコガネ族

体長　7.7〜9.2 mm　　**特徴**　上翅には通常小黒紋を欠く．前胸背板の前角は♂♀ともに突出する．上翅はまばらな毛をよそおうが，会合間室の鱗毛は密となる．頭部は頭楯を除き光沢を欠く．腹部は黒褐色〜暗褐色であるが，時として黄赤褐色となる．各腿節の毛はやや長く，後腿節後縁の毛は♂では幅の約半分の長さで，♀ではやや短い．前フ節は♂では前脛節とほぼ等長で，♀ではやや短い．〔1-4：♂，5：♀，6：頭部，7：触角基部，8：前胸背板，9：前脚爪，10：後腿節，11：上翅，12：♂前脚，13：♀前脚，14-15：♂交尾器背面〕

雌雄の区別　触角片状部は♂♀共に3節．♂の片状部は柄部の2.8〜2.9倍で，♀ではわずかに短い．

生態　薄暮に活動することが多く，夜間灯火に集まる．

分布　本州

302 クロホシビロウドコガネ
Serica nigrovariata Lewis, 1895

Sericini　ビロウドコガネ族

体長　7.0〜9.0 mm　　**特徴**　上翅は黒斑紋のほとんどないものから全体が黒色のものまで変化が多い．腹面は黒〜黒褐色．頭部は頭楯を除いて光沢を欠く．頭部と前胸背板には長い直立毛を密によそおうが，♀では通常前胸背板の毛は短い．各腿節の毛は長く，後腿節後縁の毛は幅とほぼ等長．前フ節は前脛節よりも短く，♂では特に太く短い．後フ節の下面には通常刺毛を欠くが，まれに1〜2本の短刺毛をもつ．〔1-4：♂，5：♀，6：頭部，7-8：色彩変異，9：後腿節，10：上翅，11：前脚爪，12：触角基部，13：♂前脚，14：♀前脚，15：♂交尾器背面〕

雌雄の区別　触角片状部は♂♀共に3節．♂の片状部は柄部の約2倍で，♀ではほぼ等長．

生態　日中から薄暮にかけて樹上を飛び回る．灯火にはあまり集まらない．

分布　北海道，本州（関西以北）

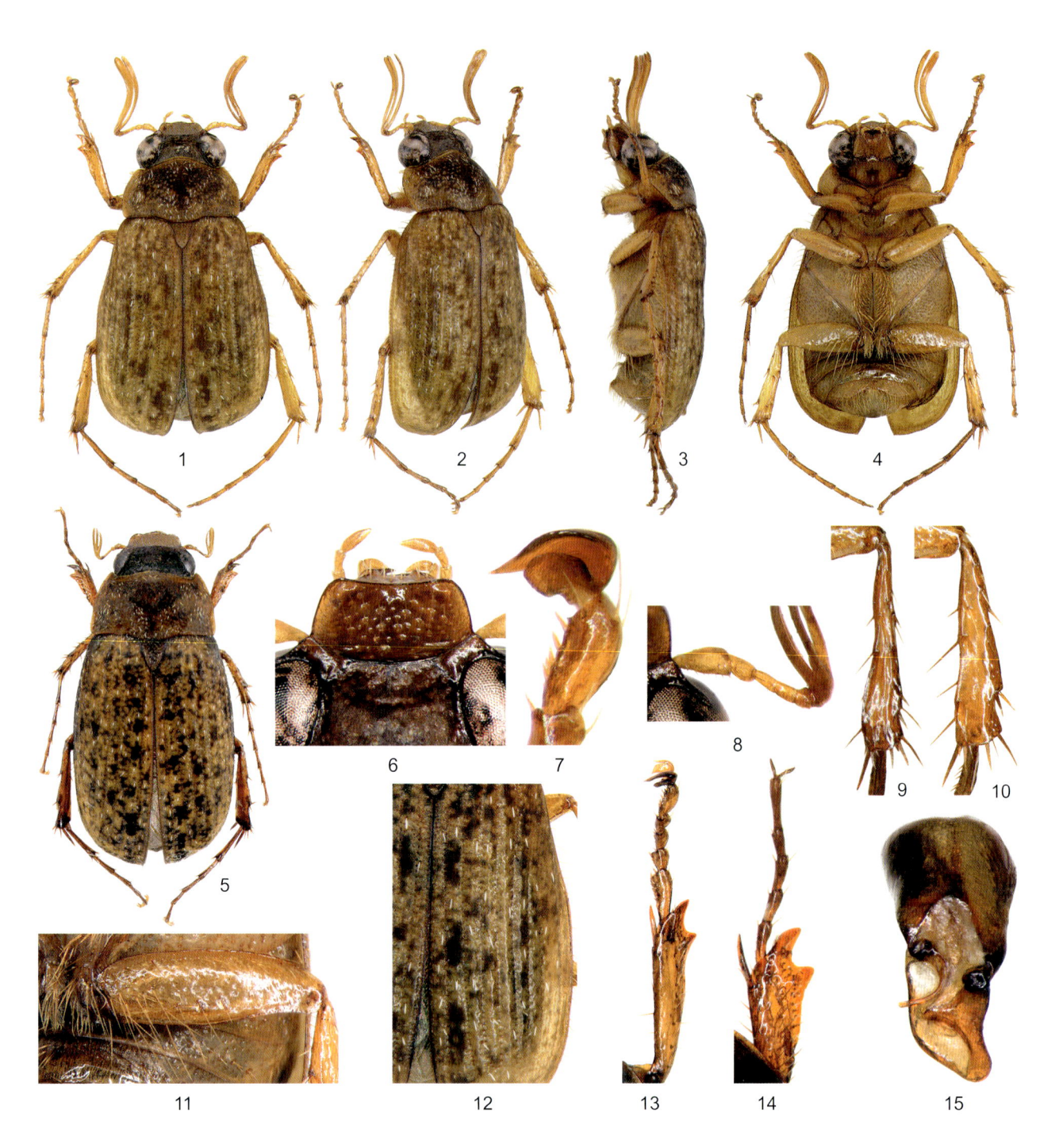

303-1　コヒゲナガビロウドコガネ　原名亜種　　　　　　　　　　　　　　Sericini　ビロウドコガネ族
***Serica brevitarsis brevitarsis* Nomura, 1972**

体長　6.7〜8.2 mm　　**特徴**　前フ節は前脛節よりも短く，♂では特に太く短いことなどから，アシマガリビロウドコガネとよく似ているが，上翅の鱗毛が短い，中脛節先端部の曲がり方が弱い，後腿節の毛がまばらであるなどの点から区別することができる．♀では中脛節先端部の曲がり方が特に弱く，注意しないと他種と区別しにくいことがある．紀伊半島周辺から知られている．〔1-4：♂，5：♀，6：頭部，7：前脚爪，8：触角基部，9：♂中脛節，10：♀中脛節，11：後腿節，12：上翅，13：♂前脚，14：♀前脚，15：♂交尾器背面〕

雌雄の区別　触角片状部は♂♀共に3節．♂の片状部は柄部の約2倍で，♀では短い．

生態　夜間灯火に集まる．

分布　本州（近畿）

303-2　コヒゲナガビロウドコガネ　西日本亜種　　　　　　　　　　　　　　　　　　　　Sericini　ビロウドコガネ族
***Serica brevitarsis rectipes* Nomura, 1972**

体長　6.7〜8.5 mm　　**特徴**　前フ節は前脛節よりも短く，♂では特に太く短いことなどは原名亜種と変わらないが，中脛節の先端部が曲がらず，まっすぐであることで亜種が区別されている．通常，前頭は光沢を欠くか，あるいは鈍い光沢を帯びるが，四国産のものでは前頭部の光沢が強い個体が少なくない．四国・九州産の個体では原名亜種と♂交尾器の形状が明らかに異なる．〔1-4：♂，5：♀，6：頭部，7：前脚爪，8：♂中脛節，9：♀中脛節，10：色彩変異，11：後腿節，12：上翅，13：♂前脚，14：♀前脚，15-16：♂交尾器側面〕

雌雄の区別　触角片状部は♂♀共に3節．♂の片状部は柄部の約2倍で，♀では短い．
生態　夜間灯火に集まる．

分布　本州（近畿以西），四国，九州

304　アシマガリビロウドコガネ　　　　　　　　　　　　　　　　　　　　　　　　Sericini　ビロウドコガネ族
***Serica incurvata* (Nomura, 1971)**

体長　7.2〜8.5 mm　　**特徴**　頭部は頭楯と前頭部に光沢がある．上翅には短鱗毛のほかにやや長い鱗毛をそなえる．中脛節の先端部は，特に♂では膨大し内側に強く曲がり，このような特徴をもつ*Serica*属は国内では本種だけである．後腿節の毛は比較的長く，やや密となる．前フ節は前脛節よりも短く，♂では特に太く短い．前脚爪の下方の歯は♂では卵形に広がる．〔1-4：♂，5：♀，6：頭部，7：前脚爪，8：触角基部，9：♂中脛節，10：♀中脛節，11：色彩変異，12：後腿節，13：上翅，14：♂前脚，15：♀前脚，16-17：♂交尾器背面〕

雌雄の区別　触角片状部は♂♀共に3節．♂の片状部は柄部の約2倍で，♀では短い．

生態　夜間灯火に集まる．個体数は比較的多いが，産地によってはやや少ない．

分布　北海道，本州（中部以北）

305 ヨシダビロウドコガネ
Serica yoshidai (Nomura, 1959)

Sericini ビロウドコガネ族

体長 6.0〜8.5 mm **特徴** 頭部は頭楯の他，前頭，時として頭頂付近まで光沢がある．中腿節の毛はやや長い．後腿節はやや太く，毛は腿節の幅の1/2よりも短い．前フ節は前脛節と等長か，あるいは長い．後フ節の下面には1〜3本の短刺毛をそなえるが，刺毛は♀でより明瞭となる．四国産の他種とは，後フ節の下面に短刺毛があることで区別できる．また，エゾビロウドコガネとは後腿節の毛の長さで区別できる．〔1-4：♂，5：♀，6：頭部，7：触角基部，8：前胸背板，9：後フ節，10：前脚爪，11：後腿節，12：上翅，13：♂前脚，14：♀前脚，15-16：♂交尾器背面〕

雌雄の区別 触角片状部は♂♀共に3節．♂の片状部は柄部の約2.5倍で，♀ではやや短い．

生態 夜間灯火に集まる．

分布 四国

306-1　エゾビロウドコガネ　原名亜種　　　　　　　　　　　　　　　　　　　　　Sericini　ビロウドコガネ族
***Serica karafutoensis karafutoensis* Niijima et Kinoshita, 1923**

体長　7.3～9.5 mm　　**特徴**　頭部には頭楯および前頭に光沢を有するが，時として前頭の光沢は鈍い．後腿節の毛はまっすぐで長く，♂では腿節の幅とほぼ等長，♀では2/3程度．前フ節は前脛節と等長か，あるいはやや長い．後フ節の下面には1～3本の刺毛をそなえる．後腿節の毛が長く，後フ節に刺毛があることで他種と区別できる．北海道に分布する*Serica*属は，本種，アシマガリ，クロホシの3種である．〔1-4：♂，5：♀，6：頭部，7：触角基部，8：前胸背板，9：後フ節，10：前脚爪，11：後腿節，12：上翅，13：♂前脚，14：♀前脚，15：♂交尾器背面〕

雌雄の区別　触角片状部は♂♀共に3節．♂の片状部は柄部の2.3～2.4倍で，♀ではやや短い．
生態　夜間灯火に集まる．
分布　北海道，千島列島；サハリン

306-2　エゾビロウドコガネ　本州亜種　　　　　　　　　　　　　　　Sericini　ビロウドコガネ族
***Serica karafutoensis honshuensis* Nomura, 1972**

体長　7.8～9.5 mm　　**特徴**　原名亜種とは，前胸背板の中央後方は押さえられず点刻を欠く縦長の部分があること，後脛節の外端棘は第1フ節のほぼ半分の長さ（原名亜種では，外端棘は第1フ節の2/3の長さ）であることなどから区別できる．時として，前頭の光沢をほとんど欠くものがいる．本州に分布する*Serica*属の中で，後フ節の下面に短い刺毛があるのは本種だけである．〔1-4：♂，5：♀，6：頭部，7：触角基部，8：前胸背板，9：後フ節，10：前脚爪，11：後腿節，12：上翅，13：♂前脚，14：♀前脚，15-16：♂交尾器背面〕

雌雄の区別　触角片状部は♂♀共に3節．♂の片状部は柄部の約2.4倍で，♀ではやや短い．
生態　夜間灯火に集まる．

分布　本州（中部以北）

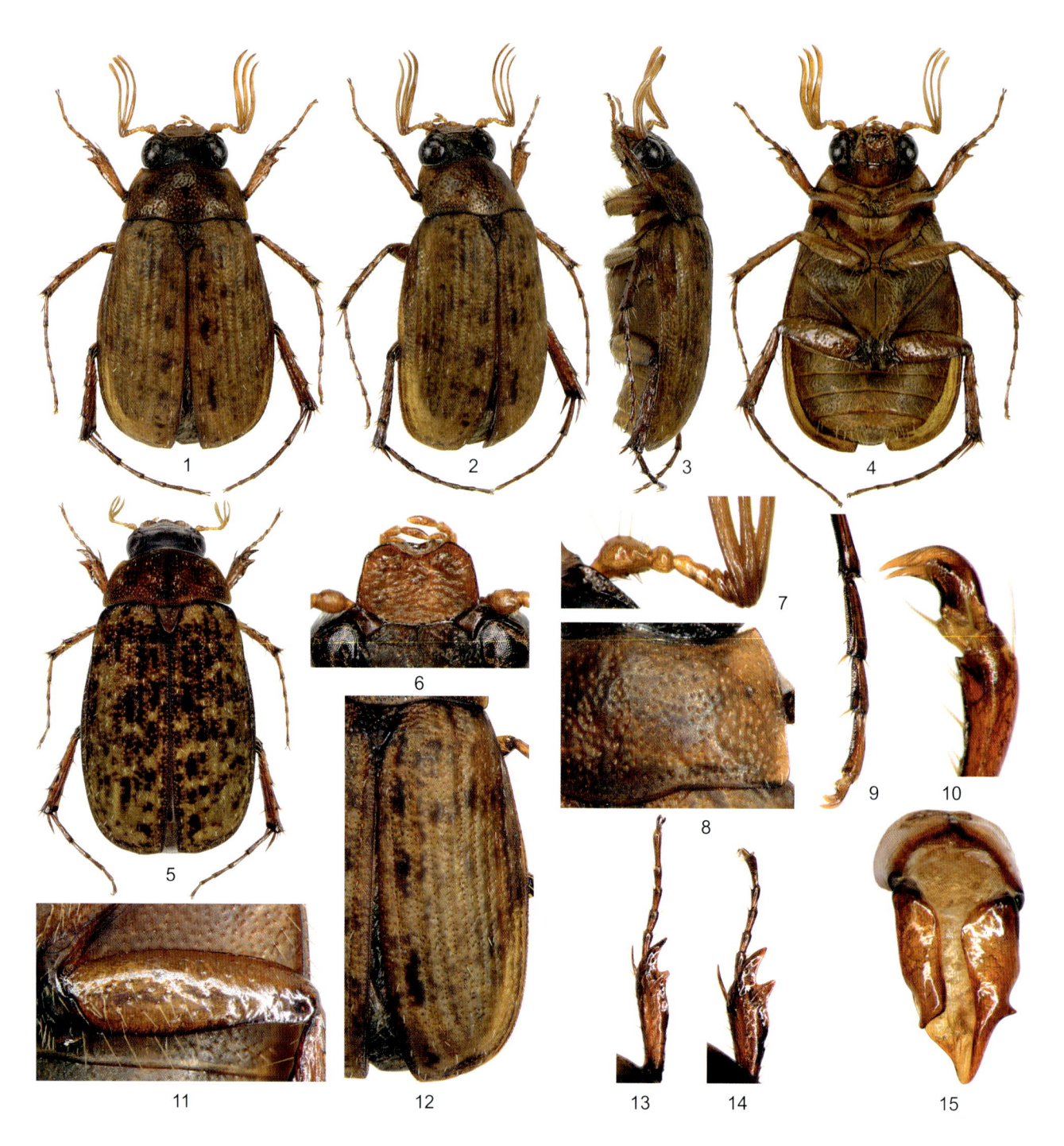

307　クロサワビロウドコガネ　屋久島亜種
Serica rosinae kurosawai (Nomura, 1959)

Sericini　ビロウドコガネ族

体長　7.0〜8.0 mm　**特徴**　頭部は頭楯を除いて光沢を欠く．上翅の翅端には細い縁膜があるが，時として分りにくいことがある．後腿節の毛は長く，腿節の幅の1/2よりも長い．ツヤケシビロウドコガネとは後フ節の下面に1〜3本の刺毛をそなえることで区別できるが，多くの場合非常に短く，時として見つけにくいことがある．前フ節は前脛節とほぼ等長．〔1-4：♂，5：♀，6：頭部，7：触角基部，8：前胸背板，9：後フ節，10：前脚爪，11：後腿節，12：上翅，13：♂前脚，14：♀前脚，15：♂交尾器背面〕

雌雄の区別　触角片状部は♂♀共に3節．♂の片状部は柄部の約2.5倍で，♀ではほぼ等長．

生態　夜間灯火に集まる．原名亜種は中国，シベリアに産する．

分布　屋久島

308 ヒゲナガビロウドコガネ
Serica boops Waterhouse, 1875

Sericini　ビロウドコガネ族

体長　7.0〜8.5 mm　　**特徴**　頭部は頭楯を除いて光沢を欠くが，時として前頭の前方部に鈍い光沢をそなえる場合がある．前胸背板および上翅には短い鱗毛をそなえる．中腿節の全体に光沢を有する．後腿節の毛は短く，腿節の幅の1/2〜1/3．前フ節は前脛節とほぼ等長か，あるいはより長い．分布域は本属の中では非常に広く，上翅の黒小斑紋の様子や，地域による交尾器などの差異も大きい．〔1-4：♂，5：♀，6：頭部，7：触角基部，8：前胸背板，9：前脚爪，10：後腿節，11：上翅，12：♂前脚，13：♀前脚，14-16：♂交尾器背面〕

雌雄の区別　触角片状部は♂♀共に3節．♂の片状部は柄部の2.0〜2.2倍で，♀ではわずかに短い．

生態　夜間灯火に集まる．

分布　本州，伊豆諸島，四国，九州

309 ヤマトビロウドコガネ   Sericini ビロウドコガネ族
***Serica nipponica* (Nomura, 1959)**

体長 6.0〜8.3 mm **特徴** 頭部は頭楯を除いて光沢がなく，後腿節の毛も短いことから，ヒゲナガビロウドコガネやホソヒゲナガビロウドコガネ本州亜種に似ているが，前フ節は前脛節よりも短く，中腿節の後縁付近には光沢を欠くこと，触角第1節が急に太くなることなどから区別することができる．また，体長が小さく，体色も淡い褐色で，黒小紋の少ない個体が多く見られるのも特徴的である．〔1-4：♂，5：♀，6：頭部，7：前胸背板，8：触角基部，9：前脚爪，10：色彩変異，11：後腿節，12：上翅，13：♂前脚，14：♀前脚，15-16：♂交尾器背面〕

雌雄の区別 触角片状部は♂♀共に3節．♂の片状部は柄部の2.4〜2.5倍で，♀では短い．

生態 夜間灯火に集まるほか，広葉樹の樹上にも見られる．

分布 本州，粟島

310 エチゴビロウドコガネ　　　　　　　　　　　　　　　　　　Sericini　ビロウドコガネ族
***Serica echigoana* (Nakane et Baba, 1960)**

体長　7.0～8.5 mm　　**特徴**　頭部は頭楯を除いて光沢を欠く．背面の毛は非常にまばらで，上翅には主に奇数間室にのみ鱗毛状ではない短毛をよそおう．このような毛の配列をもつものは日本では本種だけである．各腿節の毛はやや長く，後腿節後縁の毛は腿節の幅の約半分．前フ節は前脛節とほぼ等長．背面の毛がまばらなこと，さらに上翅上にある黒小紋が不明瞭な個体が多いことが特徴である．〔1-4：♂，5：♀，6：頭部，7：触角基部，8：前胸背板，9：後フ節，10：前脚爪，11：後腿節，12：上翅，13：♂前脚，14：♀前脚，15：♂交尾器背面〕

雌雄の区別　触角片状部は♂♀共に3節．♂の片状部は柄部の2倍で，♀では短い．
生態　夜間灯火に集まる．分布は局所的であり，個体数もあまり多くはない．

分布　本州（中部以北）

311 トケジビロウドコガネ
Serica tokejii (Nomura, 1959)

Sericini　ビロウドコガネ族

体長　6.5〜8.5 mm　**特徴**　頭部は頭楯にやや強い光沢があるが，前頭には光沢を欠く．前フ節は前脛節とほぼ等長か，あるいはやや長い．後腿節の毛は長く，幅の1/2よりも長い．ツヤケシビロウドコガネとは前フ節が長く，小楯板の点刻が密なことで，また，ヒゲナガビロウドコガネとは後腿節の毛が長いことで区別できる．〔1-4：♂，5：♀，6：頭部，7：触角基部，8：前胸背板，9：後フ節，10：前脚爪，11：後腿節，12：上翅，13：♂前脚，14：♀前脚，15：♂交尾器背面〕

雌雄の区別　触角片状部は♂♀共に3節．♂の片状部は柄部の約2倍で，♀ではほぼ等長．

生態　大木の樹幹に生えたコケの下から見つかるほか，夜間灯火に集まる．九州の主に山地で得られる．

分布　九州

発生　| 1月 | 2月 | 3月 | 4月 | 5月 | 6月 | 7月 | 8月 | 9月 | 10月 | 11月 | 12月 |

環境　森林　開墾地　その他　　**標高**　高山　中山　低山　平地

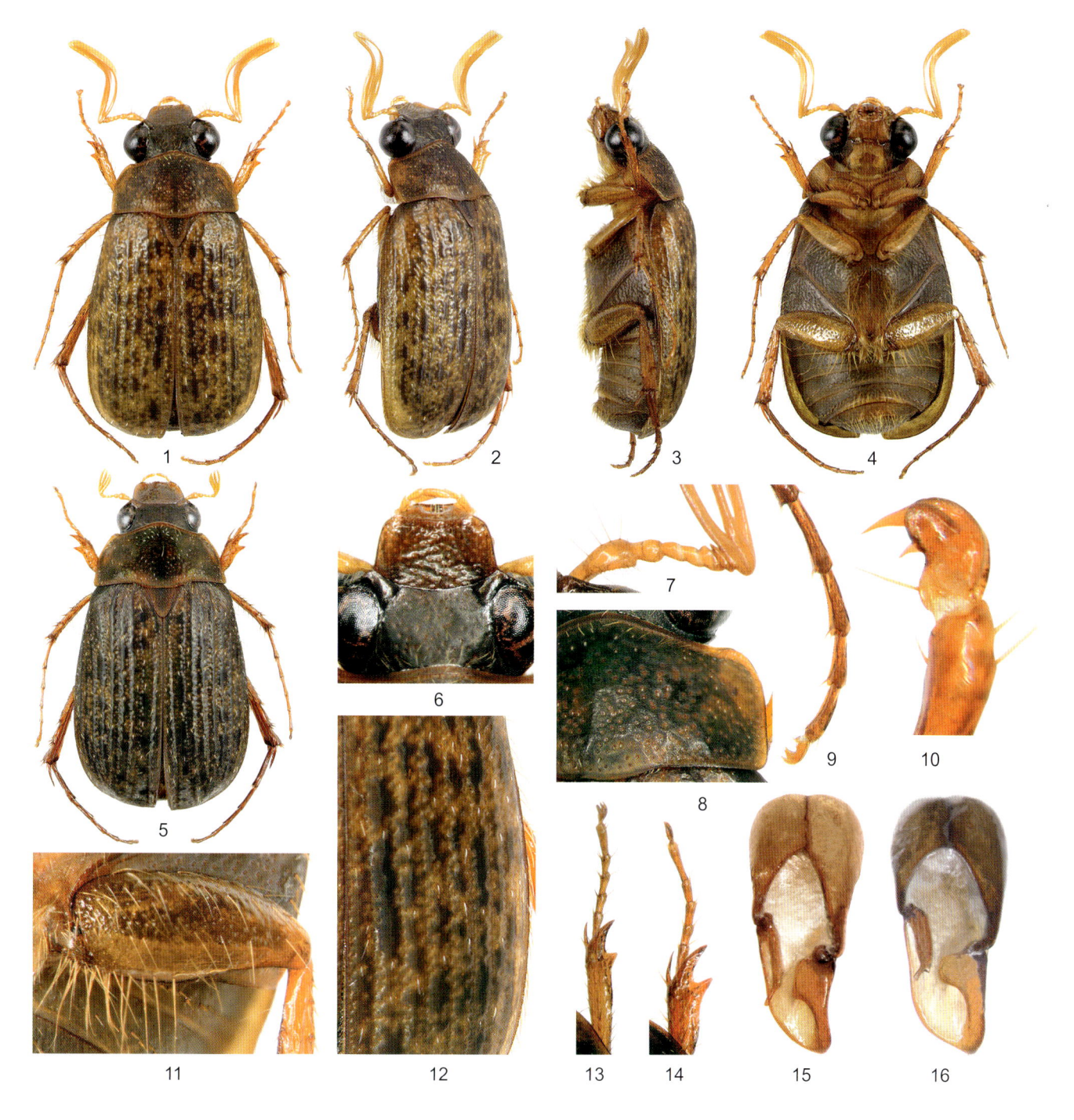

312　ツヤケシビロウドコガネ　　　　　　　　　　　　　　　Sericini　ビロウドコガネ族
***Serica planifrons* Nomura, 1972**

体長　7.0〜9.3 mm　　**特徴**　頭部は頭楯にかなり強い光沢があるが，前頭には光沢を欠く．前フ節は前脛節よりも明らかに短い．後腿節の毛は長く，腿節の幅の1/2よりも長い．トケジビロウドコガネとはやや大型で前フ節が短いことで，ヒゲナガビロウドコガネとは後腿節の毛が長いことで，またモモケビロウドコガネとは前頭に光沢を欠くことでそれぞれ区別できる．〔1-4：♂，5：♀，6：頭部，7：触角基部，8：前胸背板，9：後フ節，10：前脚爪，11：後腿節，12：上翅，13：♂前脚，14：♀前脚，15-16：♂交尾器背面〕

雌雄の区別　触角片状部は♂♀共に3節．♂の片状部は柄部の2.5倍で，♀では短い．

生態　大木の樹幹に生えたコケの下から見つかるほか，夜間灯火に集まる．標高の比較的高い場所で得られる．

分布　四国，九州，屋久島

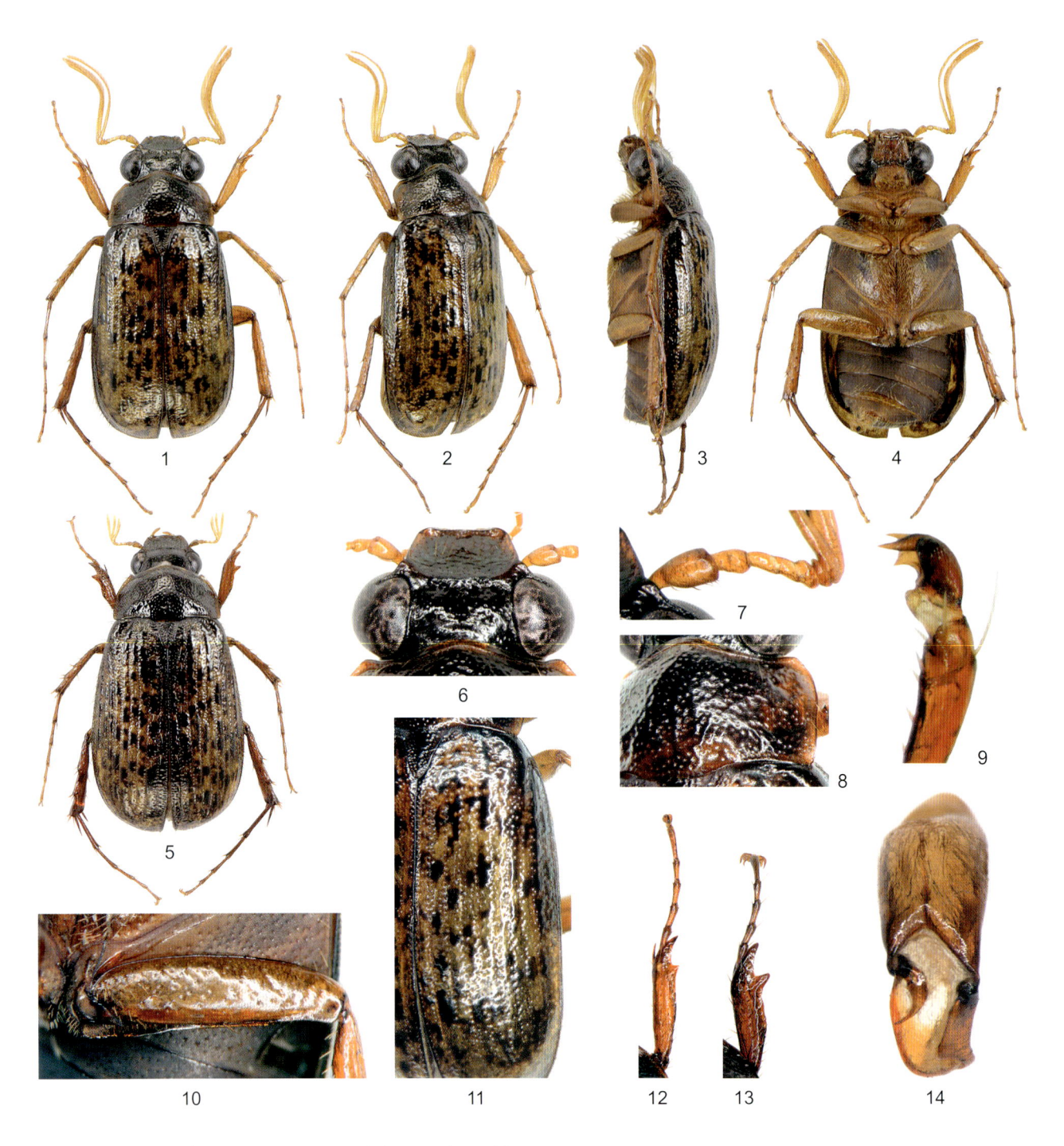

313-1　ホソヒゲナガビロウドコガネ　原名亜種　　　　　　　　　　　　　　　　　Sericini　ビロウドコガネ族
Serica nitididorsis nitididorsis (Nomura, 1971)

体長　7.5〜9.5 mm　**特徴**　日本産*Serica*属の中では唯一，前胸背板および上翅にも光沢を有することで，他種とは容易に区別することができる．頭部はほぼ全体に光沢をそなえる．前フ節は前脛節とほぼ等長か，あるいは長く，その他の脚も全体的にかなり細長い印象を受ける．後腿節は細長く，毛の長さは♂では幅とほぼ等長，♀では2/3程度．
〔1-4：♂，5：♀，6：頭部，7：触角基部，8：前胸背板，9：前脚爪，10：後腿節，11：上翅，12：♂前脚，13：♀前脚，14：♂交尾器背面〕

雌雄の区別　触角片状部は♂♀共に3節．♂の片状部は柄部の2.2〜2.3倍で，♀では短い．

生態　夜間灯火に集まる．分布はかなり局所的だが，産地では多い．比較的標高の高い場所で採れることが多い．

分布　九州

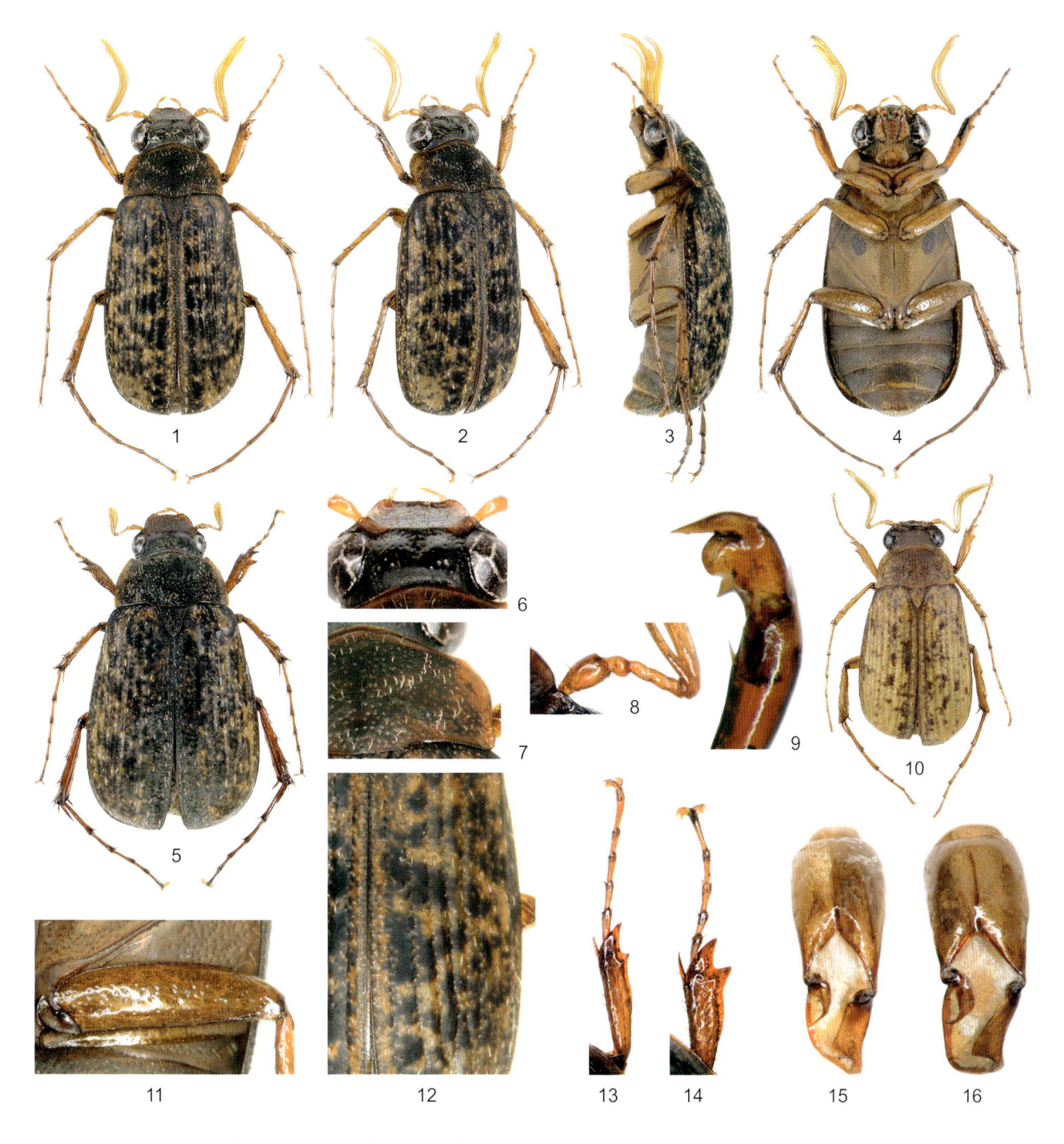

313-2　ホソヒゲナガビロウドコガネ　本州・四国亜種　　　　　　　　　　　　　　　Sericini　ビロウドコガネ族
Serica nitididorsis opacidorsis Nomura, 1972

体長　6.5〜9.3 mm　　**特徴**　原名亜種とは背面に光沢を欠くことで区別される．頭部後方はほとんどの個体で光沢を欠くが，四国産のものでは時として頭部全体にかなり強い光沢をもつ個体がある．各脚が細長く，また毛が短くかなりまばらであることが特徴ともいえる．ヨシダビロウドコガネとは頭部の光沢がよく似ているが，後フ節下面に短刺毛を欠くことで区別できる．〔1-4：♂，5：♀，6：頭部，7：前胸背板，8：触角基部，9：前脚爪，10：色彩変異，11：後腿節，12：上翅，13：♂前脚，14：♀前脚，15-16：♂交尾器背面〕

雌雄の区別　触角片状部は♂♀共に3節．♂の片状部は柄部の2.2〜2.3倍，♀ではほぼ等長か，あるいはわずかに短い．
生態　夜間灯火に集まる．

分布　本州，四国

314 フウボビロウドコガネ　　　　　　　　　　　　　　　　　　　　　　　　　　　　　Sericini　ビロウドコガネ族
Serica foobowana **Sawada, 1937**

体長　7.3〜10.5 mm　　**特徴**　頭部は頭楯のほか，前頭の前半部に光沢を有する．♂の前フ節は前脛節よりも短い．後腿節は細長く，毛は短くて腿節の幅の1/2よりも短い．ホソヒゲナガビロウドコガネとは前フ節が短いことや，前胸背板の形状で区別できる．また，マルヒゲナガビロウドコガネとは後腿節の毛が短いことで区別できる．日本産Serica属の中では大型の種である．〔1-4：♂, 5：♀, 6：頭部, 7：触角基部, 8：前胸背板, 9：前脚爪, 10：後腿節, 11：上翅, 12：♂前脚, 13：♀前脚, 14-15：♂交尾器背面〕

雌雄の区別　触角片状部は♂♀共に3節．♂の片状部は柄部の約2.5倍で，♀ではわずかに短い．

生態　夜間灯火に集まる．発生する時期は比較的遅い傾向が強い．

分布　本州（近畿以北）

315 モモケビロウドコガネ
Serica trichofemorata (Nomura, 1959)

Sericini　ビロウドコガネ族

体長　6.5〜9.2 mm　**特徴**　頭部は頭楯の他，前頭，時として頭頂付近までかなり強い光沢を有する．上翅の翅端に細いが明瞭な縁膜がある．前フ節は前脛節とほぼ等長か，やや長い．後腿節の毛は長く，♂では腿節の幅とほぼ等長，♀では2/3程度．エゾビロウドコガネとは後フ節下面に刺毛がないことで区別できる．♂交尾器の形状は地域によってかなり明瞭な違いが見られる．〔1-4：♂，5：♀，6：頭部，7：前胸背板，8：触角基部，9：前脚爪，10-11：色彩変異，12：後腿節，13：上翅，14：♂前脚，15：♀前脚，16-17：♂交尾器背面〕

雌雄の区別　触角片状部は♂♀共に3節．♂の片状部は柄部の約2.4倍で，♀ではやや短い．

生態　夜間灯火に集まる．紀伊半島の一部では体長の小さな個体群が認められる．

分布　本州，九州

316　マルヒゲナガビロウドコガネ　　　　　　　　　　　　　　　　　　　　Sericini　ビロウドコガネ族
***Serica ovata* (Nomura, 1971)**

体長　6.5〜9.5 mm　　**特徴**　体形は卵円形で，色彩もやや黒ずんだ個体が多く見られる．頭部は頭楯および前頭に光沢を有する．前フ節は前脛節よりも短い．後腿節の毛はまっすぐで長く，♂では腿節の幅とほぼ等長，♀では2/3程度．モモケビロウドコガネとは前フ節が短いこと，後腿節の毛がまっすぐなことから区別できる．また，ホソヒゲナガビロウドコガネとは後腿節の毛が長いことで区別できる．〔1-4：♂，5：♀，6：頭部，7：触角基部，8：前胸背板，9：後フ節，10：前脚爪，11：後腿節，12：上翅，13：♂前脚，14：♀前脚，15-16：♂交尾器背面〕

雌雄の区別　触角片状部は♂♀共に3節．♂の片状部は柄部の2.3〜2.4倍で，♀ではほぼ等長．

生態　夜間灯火に集まる．

分布　本州（近畿以北）

317　ワタリビロウドコガネ　　　　　　　　　　　　　　　　　　　　　　　　　　Sericini　ビロウドコガネ族
***Nipponoserica peregrina* (Chapin, 1938)**

■**体長**　7.6〜9.6 mm　■**特徴**　♂の第2〜3腹板中央には刺毛群を有する．多くの場合，刺毛群を構成する毛は第2腹板では比較的長く密で揃っているが，第3腹板では刺毛群の幅も狭く，毛も長短不揃いとなることが多い．第4〜5腹板には1列となった刺毛をそなえる．上翅端の会合部は丸く，角張らない．後腿節後縁の上稜は真上から見たとき，下稜より明らかに突出する．〔1-4：♂，5：♀，6：♂前胸背板，7：♀前胸背板，8：上翅，9：上翅端，10：後腿節，11：♂腹部，12：♀腹部，13, 15：♂交尾器背面，14, 16：♂交尾器側面〕

■**雌雄の区別**　触角片状部は♂♀共に3節．♂の片状部は柄部の2.1〜2.2倍で，♀ではほぼ等長．
■**生態**　夜間灯火に集まる．林内に多く見られる．関東，中部地方から記録されている．
■**分布**　本州（関東，中部）；アメリカ

318 ゴマダンビロウドコガネ Sericini ビロウドコガネ族
Nipponoserica gomadana **Nomura, 1976**

体長 7.6〜8.6 mm　**特徴** ♂の第2〜3腹板中央には刺毛群を有する．刺毛群を構成する毛は第2腹板では短く密で，第3腹板ではややまばら．時として刺毛群を欠く．第4〜5腹板には1列となった刺毛をそなえるが，多くの場合，中央部の刺毛は両側のものよりも長い．上翅端の会合部は角張らない．後腿節後縁の上稜は真上から見たとき，下稜に隠れて見通せないことが多い．〔1-4：♂，5：♀，6：♂前胸背板，7：♀前胸背板，8：上翅，9：上翅端，10：後腿節，11：♂腹部，12：♀腹部，13：♂交尾器背面，14：♂交尾器側面〕

雌雄の区別 触角片状部は♂♀共に3節．♂の片状部は柄部の2倍よりわずかに短く，♀ではほぼ等長．

生態 夜間灯火に集まる．紀伊半島からのみ記録されている．

分布 本州（紀伊半島）

319 ダイセンビロウドコガネ　　　　　　　　　　　　　　　　　Sericini　ビロウドコガネ族
***Nipponoserica daisensis* (Sawada, 1937)**

体長　7.6〜8.6 mm　　**特徴**　♂の第2腹板中央にある刺毛は非常に短くまばらで，ほとんどの場合目立たない．第3〜5腹板には1列となった刺毛をそなえるが，第3腹板の中央では不規則な並びとなることが多い．上翅の間室は後方でもやや中高となることが多く，翅端の会合部は角張る．後腿節後縁の上稜は真上から見たとき，下稜よりもわずかに突出し見通せる．地域により明らかに色彩が異なる．〔1-4：♂, 5：♀, 6：色彩変異（伯耆大山産）, 7：上翅, 8：上翅端, 9：後腿節, 10：♂腹部, 11：♀腹部, 12, 14：♂交尾器背面, 13, 15：♂交尾器側面〕

雌雄の区別　触角片状部は♂♀共に3節．♂の片状部は柄部の2倍で，♀では等長．

生態　夜間灯火に集まる．

分布　本州（西部），九州

320　ハラゲビロウドコガネ　　　　　　　　　　　　　　　　　　　　　　Sericini　ビロウドコガネ族
***Nipponoserica pubiventris* Nomura, 1976**

体長　7.2〜9.4 mm　　**特徴**　♂の第2〜4腹板中央には刺毛群を有する．刺毛群を構成する毛は第2腹板では長く密で明瞭．第4腹板中央部には刺毛列とは別の比較的長刺毛を不規則にそなえるが，時として非常にまばらで，見つけにくい．上翅端の会合部は角張る．後腿節後縁の上稜は真上から見たとき，下稜よりもわずかに突出し見通せる．〔1-4：♂，5：♀，6：♂前胸背板，7：♀前胸背板，8：上翅，9：上翅端，10：後腿節，11：♂腹部，12：♀腹部，13, 15：♂交尾器背面，14, 16：♂交尾器側面〕

雌雄の区別　触角片状部は♂♀共に3節．♂の片状部は柄部の2.1〜2.2倍で，♀ではほぼ等長．

生態　夜間灯火に集まる．日本各地で見られる．芝草の移動により分布が拡大している．

分布　北海道，本州，四国，九州

321　カバイロビロウドコガネ　　　　　　　　　　　　　　　　　　Sericini　ビロウドコガネ族
Nipponoserica similis (Lewis, 1895)

体長　7.2〜9.6 mm　　**特徴**　♂の第2〜3腹板中央には刺毛群を有する．刺毛群を構成する毛は第2腹板では短く密で明瞭．第3腹板中央部の刺毛列と，それとは別の不揃いな刺毛には個体変化が多い．第4〜5腹板には1列となった刺毛をそなえるが，時として，第4腹板の中央部には短い刺毛を散在させる．上翅端の会合部は角張る．後腿節後縁の上稜は真上から見たとき，下稜よりもわずかに突出し見通せる．〔1-4：♂，5：♀，6：色彩変異，7：上翅，8：上翅端，9：後腿節，10：♂腹部，11：♀腹部，12, 14：♂交尾器背面，13, 15：♂交尾器側面〕

雌雄の区別　触角片状部は♂♀共に3節．♂の片状部は柄部の2.0〜2.1倍で，♀ではほぼ等長．

生態　夜間灯火に集まる．中国・四国では暗い色彩の個体が多いが，九州では明るい黄褐色の個体が多い．

分布　本州（西部），四国，九州，対馬

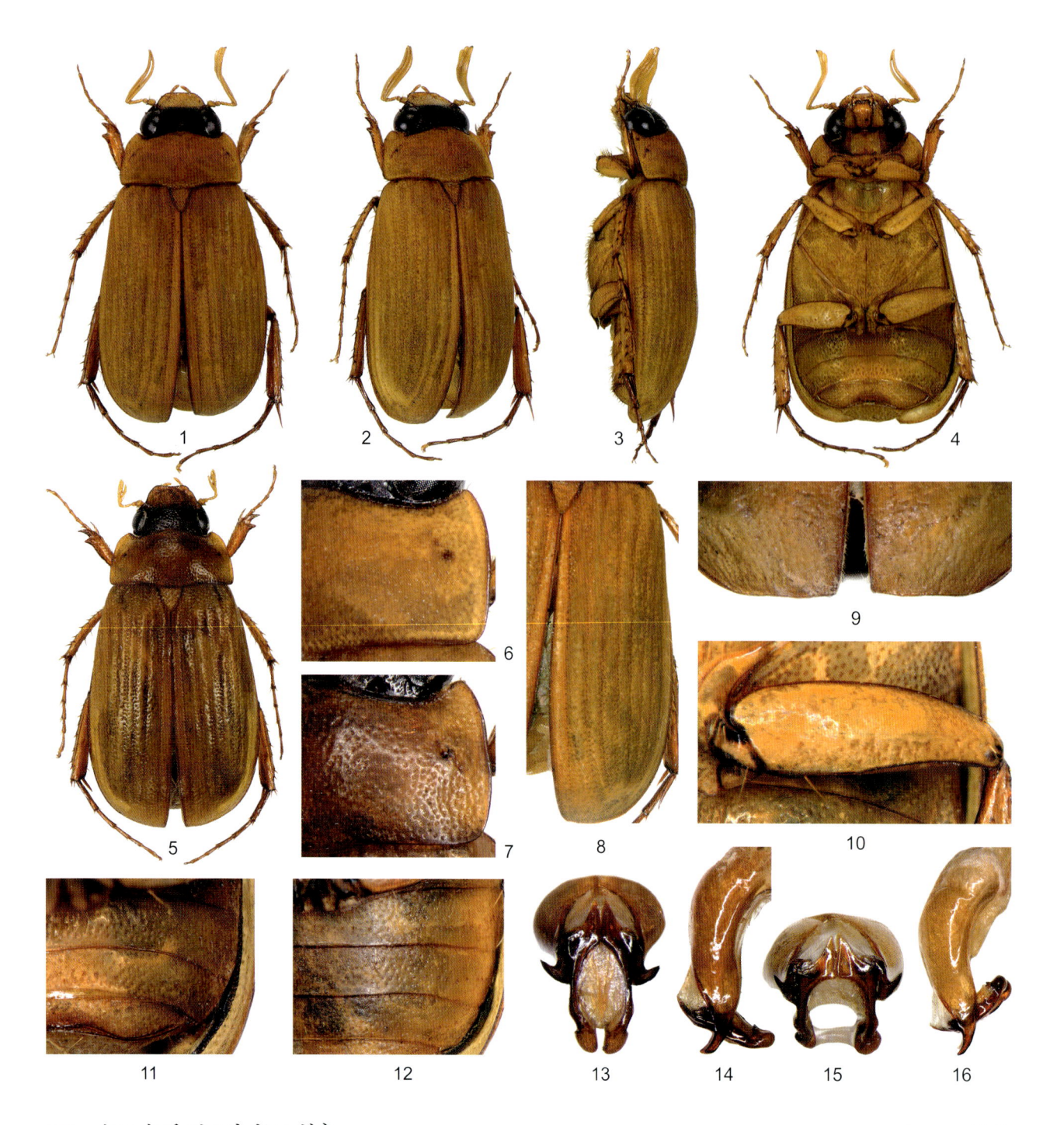

322 クニタチビロウドコガネ
***Nipponoserica kunitachiana* Nomura, 1976**

Sericini　ビロウドコガネ族

体長　7.6〜8.6 mm　**特徴**　♂の第2〜3腹板中央には刺毛群を有する．刺毛群を構成する毛は第2腹板では密で明瞭．第3腹板中央部には刺毛列とは別の不揃いな刺毛を散在させる．第4〜5腹板には1列となった刺毛をそなえるが，多くの場合中央部の刺毛は両側のものよりも長い．上翅端の会合部は角張る．後腿節後縁の上稜は真上から見たとき，下稜に隠れて見通せないことが多い．〔1-4：♂，5：♀，6：♂前胸背板，7：♀前胸背板，8：上翅，9：上翅端，10：後腿節，11：♂腹部，12：♀腹部，13, 15：♂交尾器背面，14, 16：♂交尾器側面〕

雌雄の区別　触角片状部は♂♀共に3節．♂の片状部は柄部の2.0〜2.2倍で，♀では柄部よりわずかに短い．

生態　夜間灯火に集まる．東京都〜秋田県までの地域で記録されている．

分布　本州（関東以北）

323 クロチャイロコガネ Sericini ビロウドコガネ族
***Sericania (angulata) angulata* (Lewis, 1895)**

体長 9.5〜11.5 mm　**特徴** 各腹板には不規則に並んだ短い刺毛を中央だけでなく両側にも散生させる．上翅・前胸背板は通常♂♀ともに光沢を欠くことから，シコクチャイロコガネに比較的似ているが，♂触角片状部はシコクチャイロコガネでは4＋2/3節である．また，後腿節は♂♀ともにやや幅が広く，♂交尾器の形状が他種とは大きく異なっている．〔1-4：♂，5：♀，6：頭楯，7：腹部，8：♂触角，9：♀触角，10：♂前胸背板，11：♀前胸背板，12：♂後腿節，13：♀後腿節，14：前脚爪，15-16：♂交尾器背面〕

雌雄の区別 触角片状部は♂では4節で，柄部の約1.3倍．♀では3節で柄部より短い．

生態 夜間灯火に集まるほか，葉上から得られることもある．

分布 四国，九州

324 シコクチャイロコガネ
Sericania (*angulata*) *shikokuana* Nakane, 1954

Sericini　ビロウドコガネ族

体長　9.0〜13.0 mm　**特徴**　上翅・前胸背板は通常♂♀ともに光沢を欠くことから，四国産の個体ではクロチャイロコガネによく似ているが，♂前胸背板前角がほぼ直角であること，また後腿節はクロチャイロコガネに比べて幅が狭く，点刻も比較的小さくやや密で，その部分にある毛は短く，腿節の幅の1/4あるいはそれ以下であることなどから区別できる．〔1-4：♂，5：♀，6：頭楯，7：腹部，8：♂触角，9：♀触角，10：♂前胸背板，11：♀前胸背板，12：♂後腿節，13：♀後腿節，14：前脚爪，15-16：♂交尾器背面〕

雌雄の区別　触角片状部は♂では4＋2/3節で，柄部の約1.3倍．♀では3節で柄部より短い．

生態　夜間灯火に集まるほか，葉上から得られることもある．

分布　本州（近畿），四国

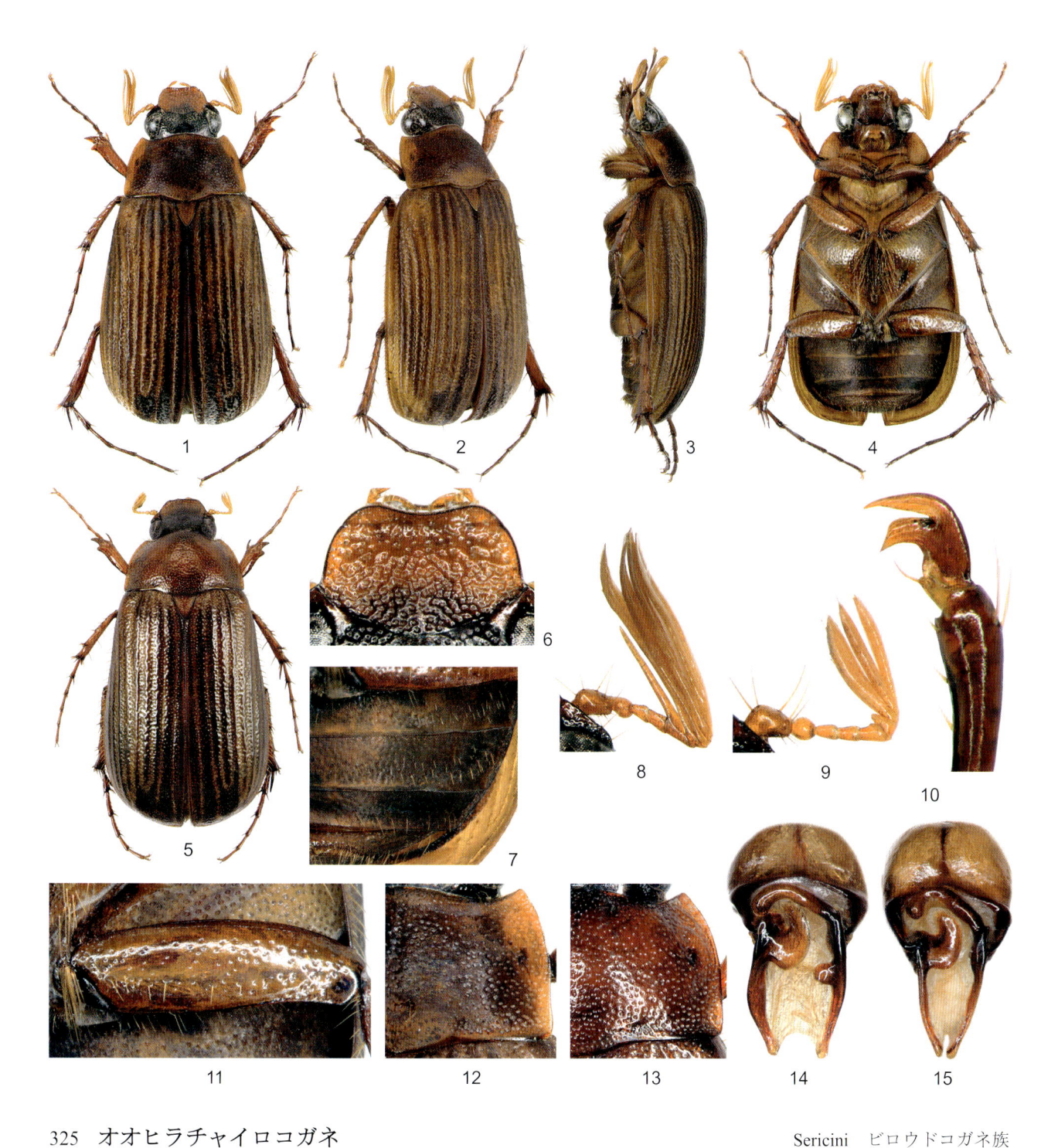

325 オオヒラチャイロコガネ Sericini　ビロウドコガネ族
***Sericania* (*angulata*) *ohirai* Sawada, 1960**

体長　9.5〜11.5 mm　**特徴**　背面は♂では絹艶状で明らかな光沢を欠くが，♀では弱い光沢をそなえることからコバヤシチャイロコガネによく似ているが，後腿節の前縁に沿って列状に連なった鋸歯状の稜線があることで区別できる．また，後腿節の前縁に鋸歯状の稜線がある種としてスジアシチャイロコガネがあるが，腹板の毛は散生しないことから区別できる．〔1-4：♂，5：♀，6：頭楯，7：腹部，8：♂触角，9：♀触角，10：前脚爪，11：♂後腿節，12：♂前胸背板，13：♀前胸背板，14-15：♂交尾器背面〕

雌雄の区別　触角片状部は♂では4＋2/5〜3/5節で，柄部の約2倍．♀では3節で柄部の約4/5.
生態　夜間灯火に集まるほか，樹皮下からも得られる．

分布　本州（中部，近畿）

326 コバヤシチャイロコガネ　　　　　　　　　　　　　　　　　　　　　　　　Sericini　ビロウドコガネ族
***Sericania (angulata) kobayashii* Nomura, 1976**

体長　9.5〜10.5 mm　**特徴**　全体的な外観は，やや小型ながらオオヒラチャイロコガネに非常によく似ている．しかし，後腿節の前縁に沿って連続した点刻列あるいは不揃いな点刻があるが，明らかに鋸歯状とはならないことで区別できる．現在までのところ，奈良県・和歌山県の山岳部の一部からのみ知られ，得られた個体はそれほど多くない．
〔1-4：♂，5：♀，6：頭楯，7：♂触角，8：♀触角，9：前脚爪，10：♂前胸背板，11：♀前胸背板，12：♂後腿節，13：♂腹部，14：♂交尾器背面〕

雌雄の区別　触角片状部は♂では4+2/3節で，柄部の約2倍．♀では3節で柄部の約4/5．
生態　夜間灯火に集まること以外あまり知られていない．

分布　本州（紀伊半島）

327　カラフトチャイロコガネ　　　　　　　　　　　　　　　　　　　Sericini　ビロウドコガネ族
***Sericania* (*sachalinensis*) *sachalinensis* Matsumura, 1911**

体長　8.0〜10.0 mm　　**特徴**　各腹板には1列の刺毛列をそなえる．フ節先端の爪は下方にゆるく曲がり，下方の歯は細長い．体は卵円形に近く，この種群の他種では上翅は前胸背板の4倍以上となるが，本種では3.5倍の長さ．また，頭部・前胸背板は通常，上翅に比べて明らかに暗色となることが多い．〔1-4：♂，5：♀，6：頭楯，7：腹部，8：♂前胸背板，9：♀前胸背板，10：♂触角，11：♀触角，12：前脚爪，13：♂後腿節，14：♀後腿節，15-16：♂交尾器背面〕

雌雄の区別　触角片状部は♂では4節で，柄部の約2倍．♀では3節で柄部の半分よりも少し長い．

生態　夜間灯火に集まるほか，針葉樹の葉上でも得られる．また，日中地表付近を飛翔する個体を見かける．

分布　北海道，千島列島，本州；サハリン，シベリア

328 エゾチャイロコガネ　　　　　　　　　　　　　　　　　　　　　　　　　　Sericini　ビロウドコガネ族
Sericania (sachalinensis) sinuata Nomura, 1959

体長　10.0〜12.0 mm　**特徴**　カラフトチャイロコガネやヒダチャイロコガネと似ている点が多いが，前胸背板の側縁が後半部で湾入することから区別できる（ただし，一部の♀個体ではこの湾入が明瞭でないものもある）．カラフトチャイロコガネとは前胸背板と上翅が同じ色彩をもつことから区別できる．また，ヒダチャイロコガネとは後腿節がやや幅広で，長さは幅の3倍に満たないことで区別できる．〔1-4：♂，5：♀，6：頭楯，7：腹部，8：♂前胸背板，9：♀前胸背板，10：♂触角，11：♀触角，12：前脚爪，13：♂後腿節，14：♀後腿節，15-16：♂交尾器背面〕
雌雄の区別　触角片状部は♂では4〜4+1/3節で，柄部の約2倍．♀では3節で柄部の半分よりも少し長い．
生態　夜間灯火に集まるほか，針葉樹の葉上でも得られる．

分布　北海道，本州（岩手県）

329 ヒダチャイロコガネ Sericini　ビロウドコガネ族
***Sericania* (*sachalinensis*) *hidana* Niijima et Kinoshita, 1923**

体長 10.0～13.0 mm　**特徴** この種群の他種に比べてやや細長い印象を受ける．体形については，地域によって極めて細長いものからそれほどでないものまでと，変化の幅が大きい．本州ではナエドコチャイロコガネやオオタケチャイロコガネと間違われる場合もあるが，爪の形が明らかに異なることで区別できる．〔1-4：♂，5：♀，6：頭楯，7：腹部，8：♂触角，9：♀触角，10：♂前胸背板，11：♀前胸背板，12：♂後腿節，13：♀後腿節，14：前脚爪，15-16：♂交尾器背面〕

雌雄の区別 触角片状部は♂では4節～4+1/3節で，柄部の約2倍．♀では3節で柄部よりも明らかに短い．
生態 夜間灯火に集まるほか，樹皮下からも得られる．針葉樹の梢を多数飛ぶこともある．

分布 北海道，本州（中部以北）

330 レンゲチャイロコガネ
Sericini ビロウドコガネ族
Sericania (sachalinensis) yamayai H. Kobayashi et M. Fujioka, 2008

体長 10.0～10.5 mm **特徴** 全体的な外観は，本州中部に産するクロスジチャイロコガネによく似ているが，爪の形が明らかに異なることで区別できる．ヒダチャイロコガネとは淡い体色，後脛節の端棘が長く，第1フ節とほぼ等長であることなどから区別できる．現在までのところ，北アルプス北部から局所的に知られている．〔1-4：♂，5：♀，6：頭楯，7：腹部，8：♂触角，9：♀触角，10：♂前胸背板，11：♀前胸背板，12：♂後腿節，13：♀後腿節，14：前脚爪，15：♂交尾器背面〕

雌雄の区別 触角片状部は♂では4＋1/2節で，柄部の2.1倍．♀では3節で第6節もやや伸長する．
生態 夜間灯火に集まる．
分布 本州（北アルプス北部）

331 ホソチャイロコガネ　　　　　　　　　　　　　　　　　　　　　　　Sericini　ビロウドコガネ族
***Sericania* (*sachalinensis*) *elongata* Nomura, 1976**

体長　8.5〜11.0 mm　　**特徴**　この種群の中では唯一，体上面に金属光沢をそなえる．上翅の間室，まれに会合部のみが黒〜暗色になる．近畿地方に産するクロスジチャイロコガネによく似ているが，頭楯は殆ど平坦で，前縁後方がクロスジチャイロコガネのように横溝状とならないこと，爪の形が明らかに異なることで区別できる．〔1-4：♂，5：♀，6：頭楯，7：腹部，8：♂前胸背板，9：♀前胸背板，10：♂触角，11：♀触角，12：前脚爪，13：♂後腿節，14：♀後腿節，15-16：♂交尾器背面〕

雌雄の区別　触角片状部は♂では4節で，まれに第5節も伸長する．♀では3節で柄部のほぼ半分の長さ．
生態　夜間灯火に飛来した個体のみが知られている．

分布　本州（近畿以西），四国

332　ヨツバクロチャイロコガネ　　　　　　　　　　　　　　　　　　　　Sericini　ビロウドコガネ族
***Sericania* (*quadrifoliata*) *quadrifoliata* (Lewis, 1895)**

体長　9.5〜13.0 mm　　**特徴**　上翅・前胸背板・腹部は♂♀ともに光沢を欠くことから，イツツバクロやクロ，シコクなどのチャイロコガネによく似るが，♂触角片状部はイツツバクロは4＋4/5節，シコクは4＋2/3節である．また，各腹板にはほぼ1列に並んだ刺毛を有するが，クロ，シコクでは各腹板に不規則に並ぶ刺毛を散生させることから区別できる．〔1-4：♂，5：♀，6：頭楯，7：腹部，8：♂触角，9：♀触角，10：♂前胸背板，11：♀前胸背板，12：後腿節，13：前脚爪，14-16：♂交尾器背面〕

雌雄の区別　触角片状部は♂では4節で，柄部の約1.3倍．♀では3節で柄部より短い．

生態　夜間灯火に集まり，葉上や樹皮下からも得られる．紀伊半島ではシコクチャイロコガネと混生する場所がある．

分布　本州（近畿以北）

333　イツツバクロチャイロコガネ　　　　　　　　　　　　　　　　　　　　　　Sericini　ビロウドコガネ族
***Sericania (quadrifoliata) opaca* Nomura, 1973**

体長 10.5〜11.5 mm　**特徴** 背面・腹面ともに光沢を欠くことからヨツバクロチャイロコガネに最もよく似ているが，頭楯の点刻はやや密で，前方には浅い横溝をそなえること，ヨツバクロチャイロコガネでは♂触角片状部は4節であること，更に分布地を異にすることから区別できる．現在までに，四国・九州の限られた地域でのみ採集記録がある．
〔1-4：♂，5：♀，6：頭楯，7：♂触角，8：♀触角，9：前脚爪，10：♂前胸背板，11：♀前胸背板，12：♂後腿節，13：♂腹部，14：♂交尾器背面〕

雌雄の区別 触角片状部は♂では4+3/4〜4/5節．♀では3節で柄部のほぼ半分の長さ．
生態 夜間灯火に集まること以外あまり知られていない．

分布 四国，九州

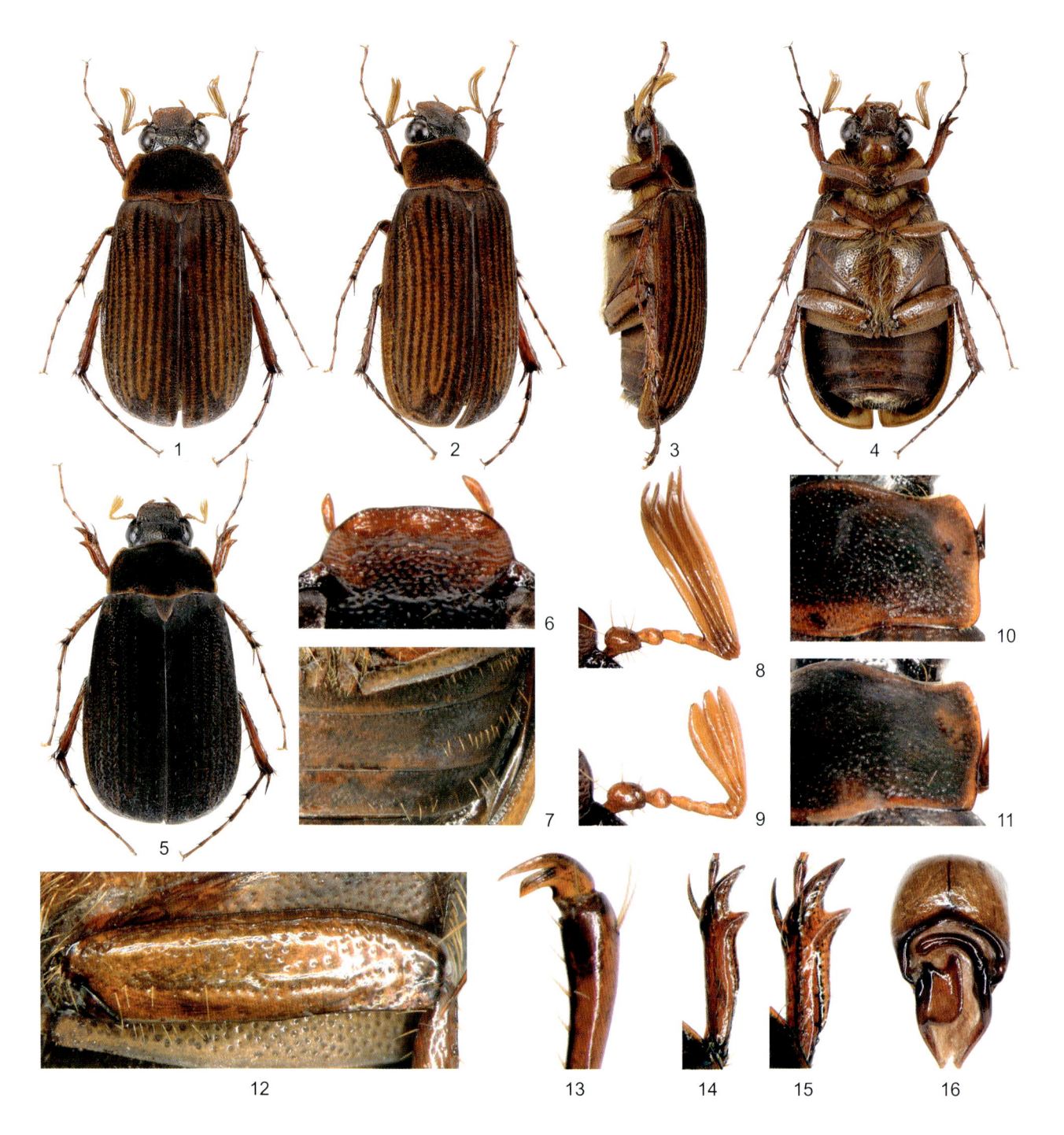

334　スジアシクロチャイロコガネ　　　　　　　　　　　　　　　　　　　　　　Sericini　ビロウドコガネ族
Sericania (*quadrifoliata*) *serripes* Nomura, 1973

体長　10.0〜11.5 mm　**特徴**　イツツバクロチャイロコガネやヤマウチチャイロコガネに外観は似ているが，後腿節前縁に沿って鋸歯状の稜線があることから区別できる．ただし時として，稜線を識別しにくい場合もある．このような特徴をもつ*Sericania*属は，本種以外にはオオヒラチャイロコガネがあるだけである．〔1-4：♂，5：♀，6：頭楯，7：腹部，8：♂触角，9：♀触角，10：♂前胸背板，11：♀前胸背板，12：♂後腿節，13：前脚爪，14：♂前脛節，15：♀前脛節，16：♂交尾器背面〕

雌雄の区別　触角片状部は♂では4＋2/3〜4/5節．♀では3節で柄部の半分よりやや長い．
生態　夜間灯火に集まること以外あまり知られていない．

分布　本州（中国），九州

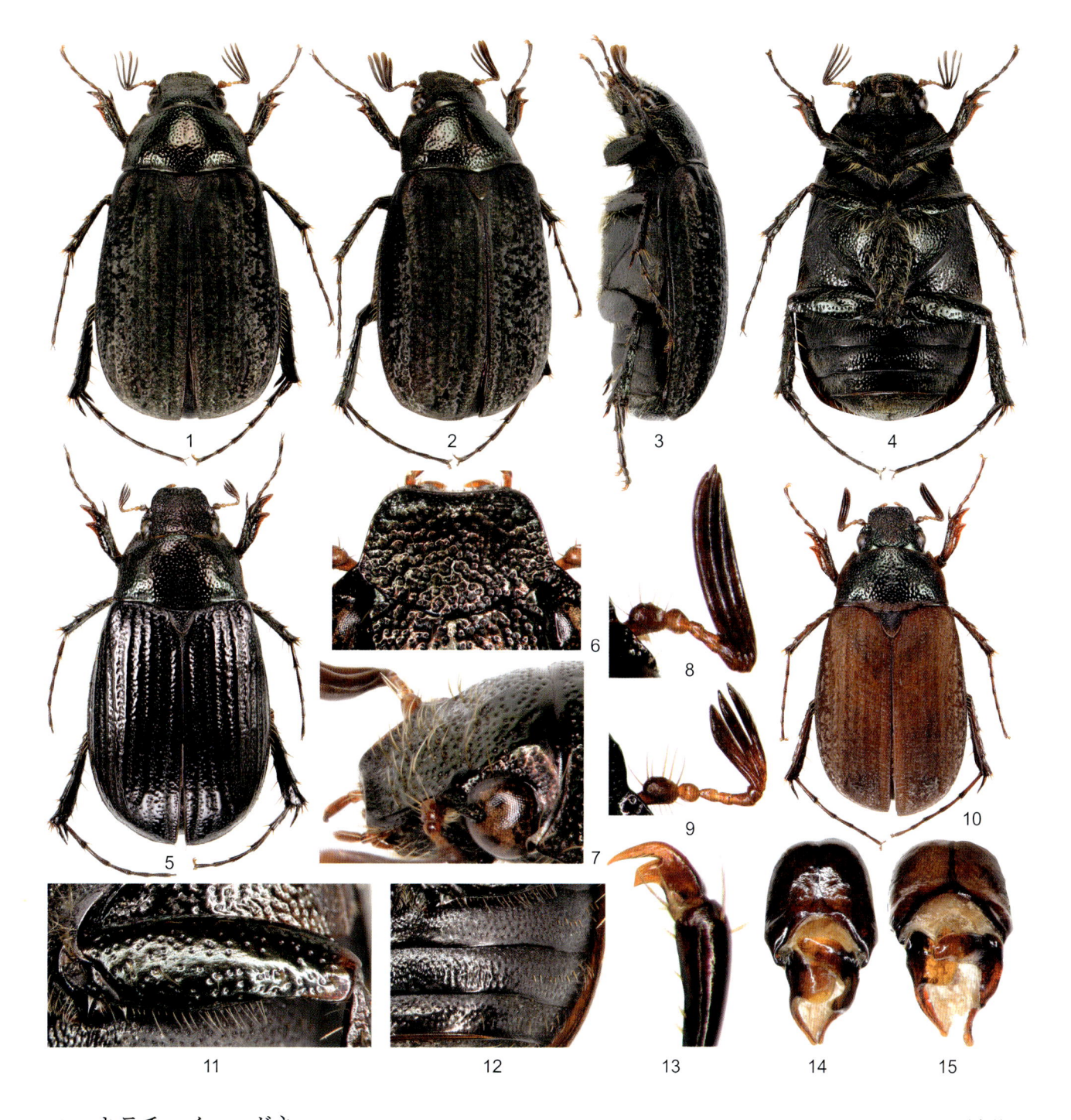

335 キラチャイロコガネ
Sericania (*quadrifoliata*) *kirai* Sawada, 1938

Sericini　ビロウドコガネ族

体長　8.5〜10.5 mm　**特徴**　本種は，日本産本属の中で唯一，♂の背面に明らかな光沢を欠くか弱い絹艶光沢をもち，前胸背板にはかなり強い光沢をそなえ，♀の背面には全体にかなり強い光沢をそなえる．また，頭楯および前頭にはかなり目立つ刺毛を比較的密にそなえることも，本種を特徴づけるものとなっている．まれに，背面全体が茶褐色となる場合がある．〔1-4：♂，5：♀，6：頭楯，7：頭部側面，8：♂触角，9：♀触角，10：色彩変異，11：♂後腿節，12：腹部，13：前脚爪，14-15：♂交尾器背面〕

雌雄の区別　触角片状部は♂では4節で，第5節はわずかに突出する．♀では3節で柄部よりやや短い．

生態　あまり灯火には集まらず，樹皮下，渓流近くの葉上，コケの下などから得られる．

分布　本州，隠岐諸島，四国，九州

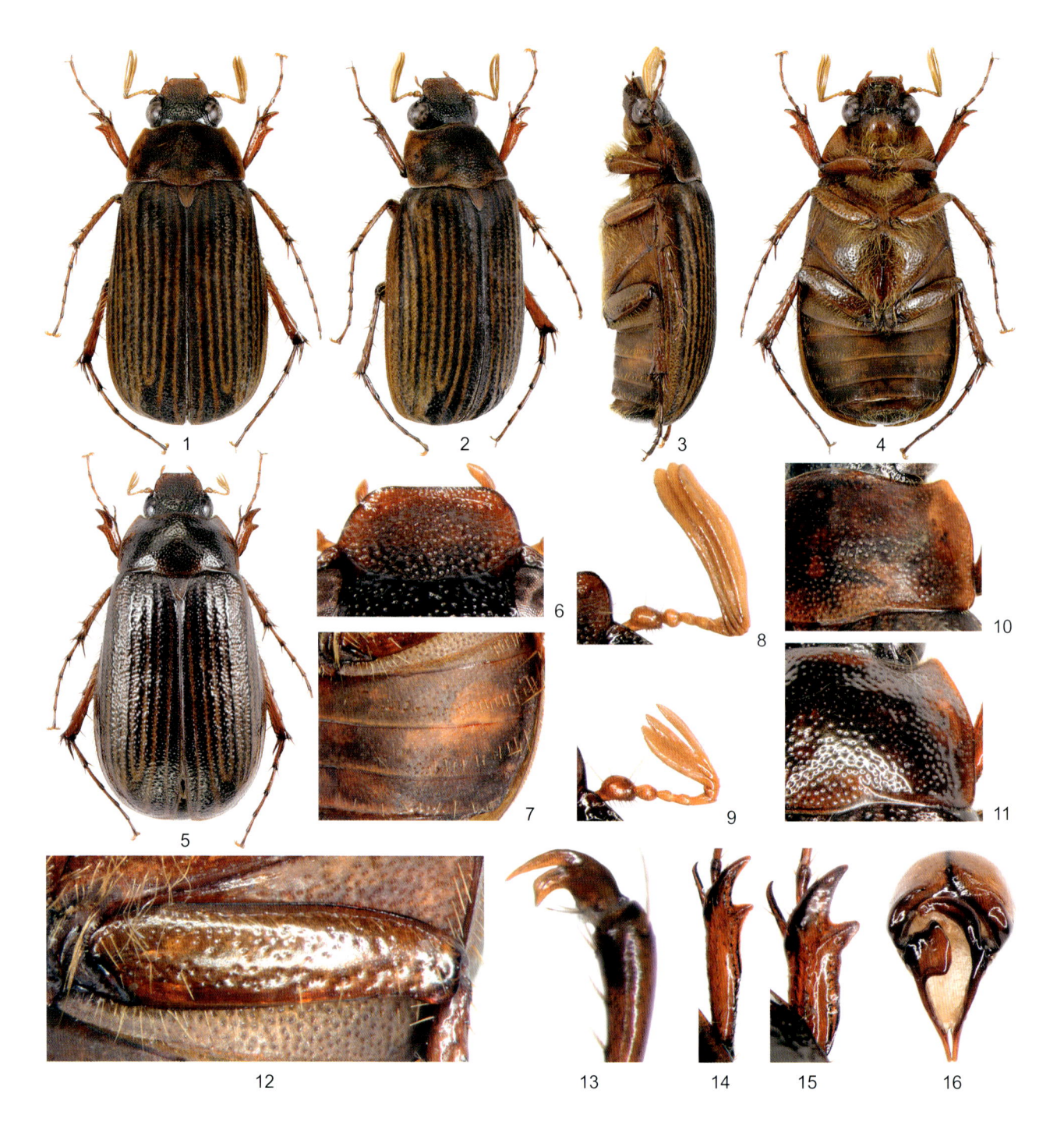

336 ヤマウチチャイロコガネ Sericini ビロウドコガネ族
***Sericania* (*quadrifoliata*) *yamauchii* Sawada, 1938**

体長 10.0〜12.0 mm　**特徴** ♂の背面は光沢を欠くか絹艶状となり，♀では背面に弱い光沢がある．♂の背面に光沢を欠くことから，スジアシクロチャイロコガネにも似ているが，本種の最大の特徴は，前脛節の端棘の先端部分が外側に屈曲することにある．このような特徴をもつものは，日本産*Sericania*属では本種だけである．〔1-4：♂，5：♀，6：頭楯，7：腹部，8：♂触角，9：♀触角，10：♂前胸背板，11：♀前胸背板，12：♂後腿節，13：前脚爪，14：♂前脛節，15：♀前脛節，16：♂交尾器背面〕

雌雄の区別 触角片状部は♂では4節．♀では3節で柄部より短い．

生態 夜間灯火に集まるほか，吹き上げで葉上に見られることがある．

分布 四国，九州；朝鮮半島，中国北東部，ロシア北東部

337 ヒラタチャイロコガネ　　　　　　　　　　　　　　　Sericini　ビロウドコガネ族
Sericania (*quadrifoliata*) *alternata* **Sawada, 1938**

体長　9.5〜12.0 mm　**特徴**　♂の背面は絹艶状となる．上翅の間室は交互に高まり，奇数間室は偶数間室よりも高まる．これと似たような特徴をもつものにミヤケチャイロコガネがあるが，本種の方が体がやや大きく，また，♂触角の第4節はまったく突出しない，または伸長しないという形状から区別することが出来る．〔1-4：♂，5：♀，6：頭楯，7：♂前脛節，8：♀前脛節，9：♂前胸背板，10：♀前胸背板，11：腹部，12：上翅，13：前脚爪，14-15：♂交尾器背面〕

雌雄の区別　触角片状部は♂では4＋2/3〜3/4節．♀では3節で柄部より明らかに短い．

生態　夜間灯火に集まる．

分布　本州（近畿），四国

338 ミヤケチャイロコガネ Sericini ビロウドコガネ族
***Sericania* (*quadrifoliata*) *miyakei* Nomura, 1960**

体長 8.0〜9.5 mm **特徴** ♂の背面は絹艶状となる．上翅の間室は交互に高まり，奇数間室は偶数間室よりやや高まる．ヒラタチャイロコガネに特徴はよく似ているが，体はやや小さい．四国では両種は混生するためやや分りにくいが，本種では，♂触角の第4節が第5節の1/5〜1/4の長さに伸長することから区別することが出来る．〔1-4：♂，5：♀，6：頭楯，7：♂触角，8：♀触角，9：♂前胸背板，10：♀前胸背板，11：腹部，12：上翅，13：前脚爪，14-15：♂交尾器背面〕

雌雄の区別 触角片状部は♂では5+1/5〜1/4節．♀では3節で柄部より短い．

生態 夜間灯火に集るほか，樹皮下や樹幹のコケの下から見つかることがある．

分布 四国，九州

339 アワチャイロコガネ Sericini ビロウドコガネ族
***Sericania* (*quadrifoliata*) *awana* Nomura, 1976**

体長 11.0〜11.5 mm　**特徴** ♂の背面は光沢を欠き，上翅の間室の高さはいずれもほぼ同じであることからヤマウチチャイロコガネに似るが，前脛節の端棘が多くの種と同様ほぼまっすぐで，ヤマウチチャイロコガネのように先端部分が外側に屈曲しない点で区別できる．これまでに四国の限られた場所からわずかな個体が知られているにすぎない．♀は未知．〔1-4：♂，5：頭楯，6：♂触角，7：♂前胸背板，8：前脚爪，9：♂腹部，10：♂後腿節，11：♂前脛節，12：♂交尾器背面〕

雌雄の区別 触角片状部は♂では4＋3/4節．
生態 夜間灯火に集まる．

分布 四国

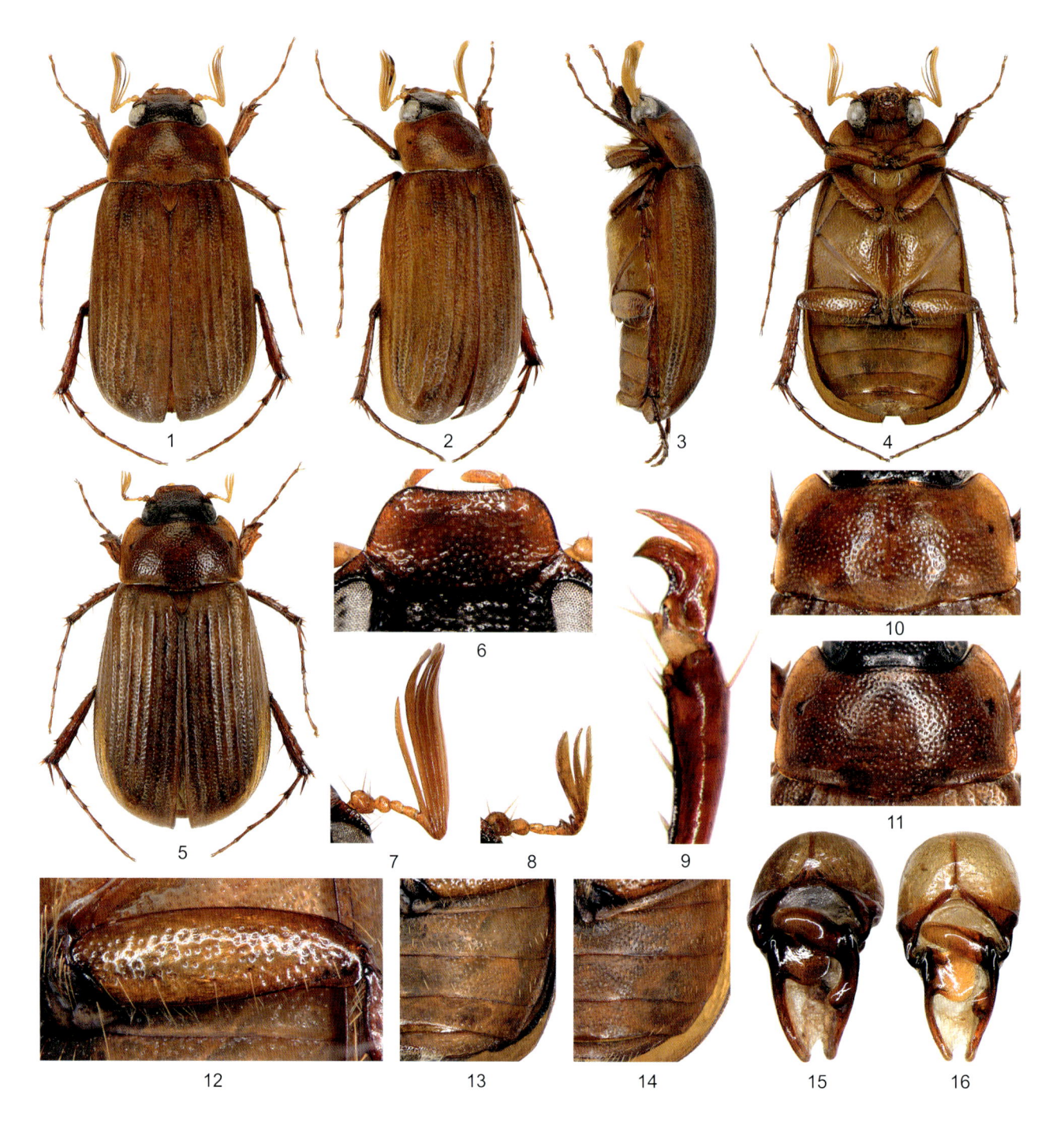

340　トウホクチャイロコガネ　　　　　　　　　　　　　　　　　Sericini　ビロウドコガネ族
***Sericania* (*quadrifoliata*) *tohokuensis* Sawada, 1955**

体長　7.5〜10.0 mm　　**特徴**　♂の背面は光沢を欠くが，前胸背板の中央部には光沢がある．♀の背面はかすかな光沢をもち，前胸背板の中央に光沢がある．本州中部以北に広く分布する．前脛節の端棘が第1フ節とほぼ等長かあるいはやや短いことや，ほとんどの場合，腹板の中央部分に列状となった刺毛のほかに短い毛を散生させることが特徴となる．〔1-4：♂，5：♀，6：頭楯，7：♂触角，8：♀触角，9：前脚爪，10：♂前胸背板，11：♀前胸背板，12：♂後腿節，13：♂腹部，14：♀腹部，15-16：♂交尾器背面〕

雌雄の区別　触角片状部は♂では4＋2/3〜4/5節．♀では3節で柄部よりやや短い．
生態　夜間灯火に集まるほか，樹皮下からも得られる．

分布　本州（中部以北）

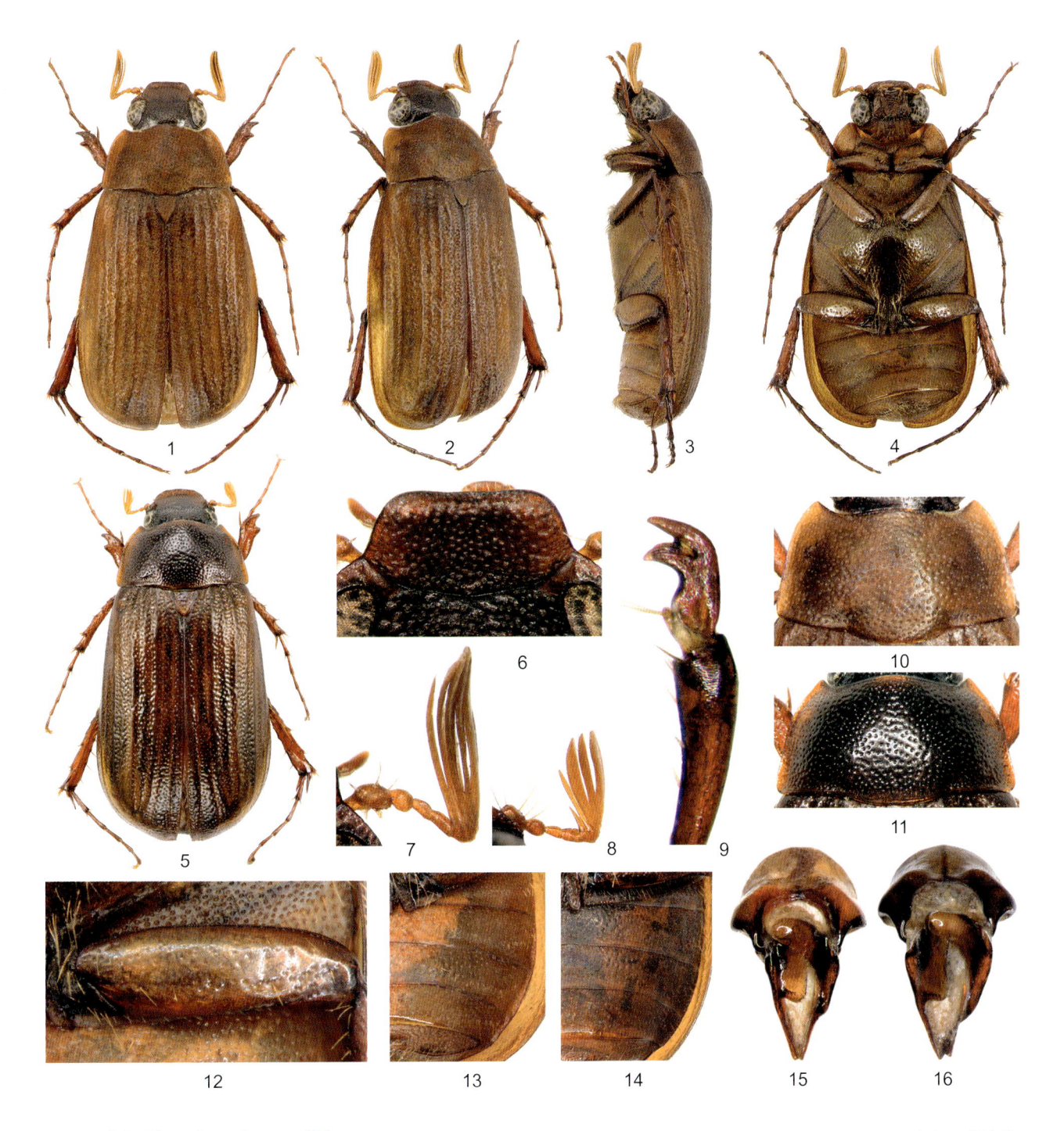

341 チクゼンチャイロコガネ　　　　　　　　　　　　　　　　　　　　Sericini　ビロウドコガネ族
***Sericania* (*quadrifoliata*) *chikuzensis* Sawada, 1938**

体長　9.0〜10.5 mm　　**特徴**　トウホクチャイロコガネに外観は似ているが，前脛節の端棘は第1フ節よりもわずかに，あるいは明らかに長く，腹板の中央部分には短毛を生じない．また，♀の背面全体には弱い光沢があり，♂触角第5節は第6節に比べてやや短い．♀触角第5〜第7節は先端部が突出する場合，しない場合など変化が多い．〔1-4：♂，5：♀，6：頭楯，7：♂触角，8：♀触角，9：前脚爪，10：♂前胸背板，11：♀前胸背板，12：♂後腿節，13：♂腹部，14：♀腹部，15-16：♂交尾器背面〕

雌雄の区別　触角片状部は♂では4＋4/5節，♀では3節で柄部よりやや短い．
生態　夜間灯火に集まること以外あまり知られていない．
分布　本州，四国，九州

342 ガロアチャイロコガネ　　　　　　　　　　　　　　　　　　　　　　　　　　　　Sericini　ビロウドコガネ族
Sericania (*quadrifoliata*) *galloisi* Niijima et Kinoshita, 1927

体長　8.5〜11.0 mm　　**特徴**　上翅はほとんどの場合ビロウド状で光沢を欠く．中部地方から東北地方にかけての地域で得られるが，場所により♂触角片状部の特徴に差があることから，以前はいくつかの種に区別されていた．前胸背板の中央部は♂♀ともに光沢があり，点刻の様子も産地によってかなり変化に富んでいる．〔1-4：♂，5：♀，6：頭楯，7：♂触角，8：♀触角，9：前脚爪，10：♂前胸背板，11：♀前胸背板，12：♂後腿節，13：♂腹部，14：♀腹部，15-16：♂交尾器背面〕

雌雄の区別　触角片状部は♂では4〜4+1/3節．♀では3節で柄部よりも短い．
生態　夜間灯火に集まるほか，樹皮下からも得られる．

分布　本州（中部以北〜山形以南）

343 オオタケチャイロコガネ　　　　　　　　　　　　　　　　　　　　　　　　Sericini　ビロウドコガネ族
***Sericania* (*fuscolineata*) *ohtakei* Sawada, 1955**

体長 8.5〜11.5 mm　　**特徴** ナエドコチャイロコガネと混生する場所では，同定が難しいことがある．♂触角片状部は多くの個体で5節からなり，第4節も明らかに伸長するが，時としてナエドコチャイロコガネと同様な場合がある．このような場合でも，尾節板は密度の差はあっても全体的に点刻され，縦の平滑部を欠き，横からみて♂では中高となるが，♀では平坦である．〔1-4：♂，5：♀，6：頭楯，7：腹部，8：♂触角，9：♀触角，10：前脚爪，11：♂尾節板，12：♂尾節板側面，13：♀尾節板側面，14：♂前脛節，15：♀前脛節，16-17：♂交尾器背面〕

雌雄の区別 触角片状部は♂では4+3/4〜5+1/3節．♀では3節で第5，第6節のいずれかは突出または伸長する．

生態 ナエドコチャイロコガネと混生する場所では，本種の方がやや標高の高いところに分布する傾向がある．

分布 本州（関東以西），四国

344-1 ナエドコチャイロコガネ　原名亜種　　　　　　　　　　　　　　　　　Sericini　ビロウドコガネ族
Sericania (*fuscolineata*) *mimica mimica* Lewis, 1895

体長　8.0〜11.5 mm　**特徴**　本州に広く分布する種で，オオタケチャイロコガネとの区別が難しい種である．♂♀ともに背面に光沢をそなえるが，金属光沢とはならない．♂触角片状部の形状は地域や個体によって変化が大きいが，少なくとも第4節が伸長することはない．尾節板の点刻には変異が多いが，中央に縦の平滑部があり，側方から見ると♂♀ともに中高となる．〔1-4：♂，5：♀，6：頭楯，7：腹部，8：♂触角，9：♀触角，10：前脚爪，11：♂尾節板，12：♂尾節板側面，13：♀尾節板側面，14-16：♂交尾器背面〕

雌雄の区別　触角片状部は♂では4〜4+4/5節．♀では3節で第5，第6節のいずれかは突出または伸長する．

生態　夜間灯火に集まるほか，新葉上を飛翔する個体が得られたり，樹皮下からも得られている．

分布　北海道？，本州，佐渡島

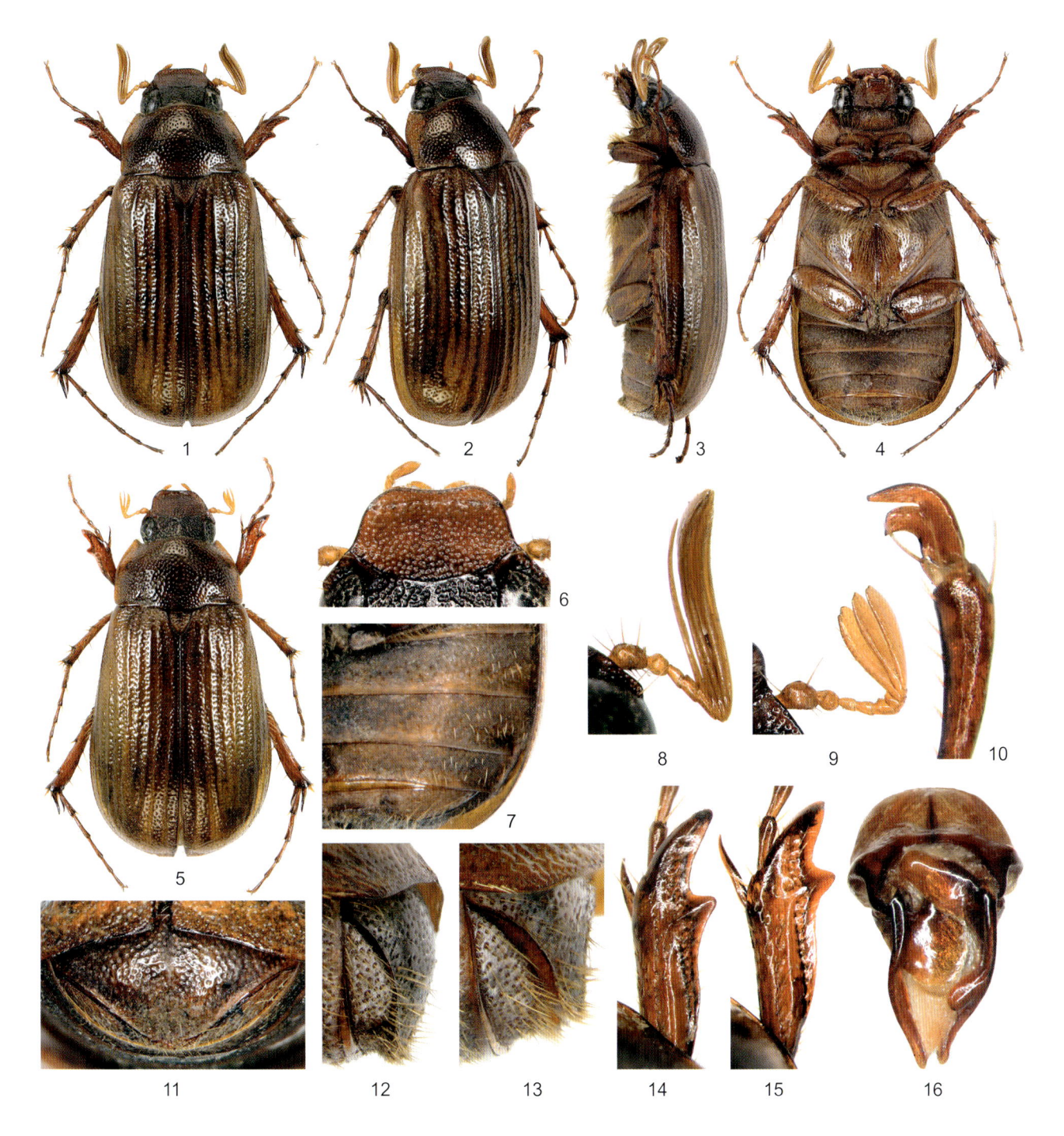

344-2　ナエドコチャイロコガネ　四国亜種　　　　　　　　　　　Sericini　ビロウドコガネ族
Sericania** (**fuscolineata**) **mimica kompira Y. Miyake et Sano, 1996

体長　10.0〜12.5 mm　**特徴**　四国に分布する亜種で，腹板に短い刺毛を散在させることから，原名亜種とは区別される．しかし個体によって，腹板にある短毛の分布の仕方に中央部と側縁部とでは大きな違いが見られ，毛の少ない個体では，原名亜種とそれほど違わないものも見られる．〔1-4：♂，5：♀，6：頭楯，7：腹部，8：♂触角，9：♀触角，10：前脚爪，11：♂尾節板，12：♂尾節板側面，13：♀尾節板側面，14：♂前脛節，15：♀前脛節，16：♂交尾器背面〕

雌雄の区別　触角片状部は♂では4＋4/5〜5/6節．♀では3節で柄部よりわずかに短い．
生態　夜間灯火に集まること以外あまり知られていない．

分布　四国

345 マツシタチャイロコガネ
Sericania (fuscolineata) matusitai Sawada, 1955

Sericini　ビロウドコガネ族

体長　8.0〜10.0 mm　**特徴**　上翅の間室が交互に中高となる点は，ヒラタチャイロコガネやミヤケチャイロコガネとも似ているが，♂♀ともに背面の光沢は鈍く，♂触角片状部は第6節が第7節と等長とならないこと，更には♀の触角片状部は柄部よりもかなり短いことから区別できる．本属の中では♂触角片状部が非常に短い印象を受ける．〔1-4：♂，5：♀，6：頭楯，7：腹部，8：♂触角，9：♀触角，10：上翅，11：♂前胸背板，12：♀前胸背板，13：前脚爪，14-15：♂交尾器背面〕

雌雄の区別　触角片状部は♂では4節で，第6節は第7節の2/3〜3/4．♀では3節で柄部より明らかに短い．

生態　夜間灯火に集まるほか，樹葉上でも得られる．

分布　本州（中部以西），四国

346 オキチャイロコガネ　　　　　　　　　　　　　　　Sericini　ビロウドコガネ族
***Sericania* (*fuscolineata*) *kadowakii* Nakane, 1983**

体長　7.0〜8.0 mm　　**特徴**　現在までのところ，隠岐諸島からのみ記録されている．外観は同諸島に分布する小型のキラチャイロコガネを思わせるが，♂の上翅は絹艶状とならず，♀では強い光沢をもたないこと，さらには，前胸背板および前頭には目立つ直立した刺毛をもたないことなどからも区別することができる．〔1-4：♂，5：♀，6：頭楯，7：腹部，8：♂触角，9：♀触角，10：♂前胸背板，11：♀前胸背板，12：♂後腿節，13：前脚爪，14：♂交尾器背面〕

雌雄の区別　触角片状部は♂では4節で，第5節はわずかに伸長する．♀では3節で柄部より明らかに短い．
生態　夜間灯火に集まること以外あまり知られていない．

分布　隠岐諸島

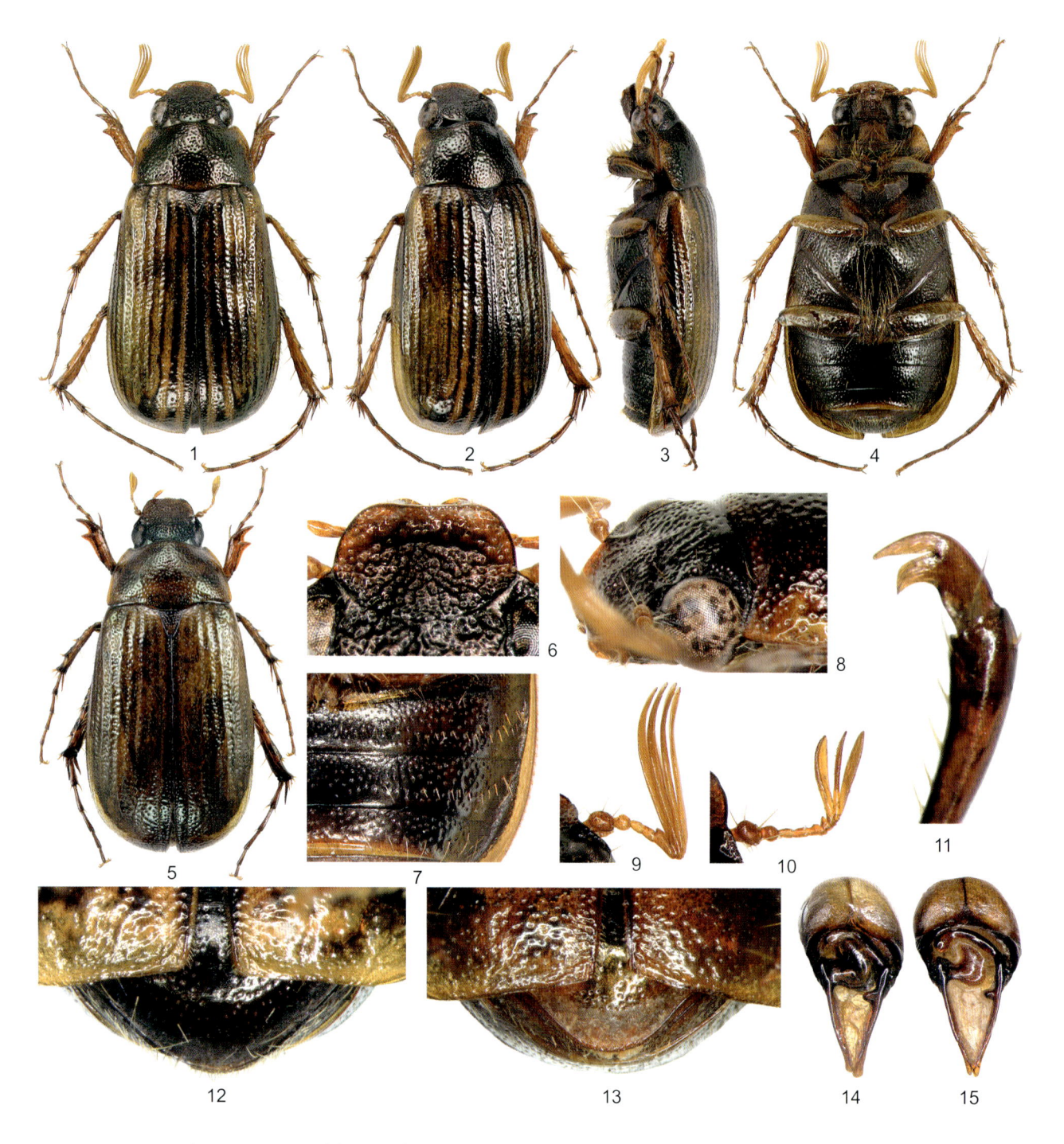

347-1　クロスジチャイロコガネ　原名亜種　　　　　　　　　　　　　　　　　　　Sericini　ビロウドコガネ族
***Sericania* (*fuscolineata*) *fuscolineata fuscolineata* (Motschulsky, 1860)**

体長 8.5〜11.5 mm　**特徴** 背面には金属光沢をそなえる．頭楯の前縁は明らかに湾入し，前方から見て中央部分は山型にはっきりと高まる．頭楯前方にある横溝は，時としてやや不明瞭となるが，横溝の後方は強く隆起しない．近縁の種とは，頭楯の前方に横溝があることから区別することができる．地域によっていくつかの亜種に区別される．
〔1-4：♂，5：♀，6：頭楯，7：腹部，8：頭部側面，9：♂触角，10：♀触角，11：前脚爪，12：♂尾節板，13：♀尾節板，14-15：♂交尾器背面〕

雌雄の区別 触角片状部は♂では4〜4＋1/2節．♀では3節で柄部よりも短い．
生態 夜間灯火に集まるほか，針葉樹上からも得られる．

分布 対馬；朝鮮半島，中国北東部，シベリア

347-2 クロスジチャイロコガネ 北海道亜種 Sericini ビロウドコガネ族
Sericania (*fuscolineata*) *fuscolineata ezoensis* Nomura, 1976

体長 8.5〜11.5 mm **特徴** 頭楯の前縁は明らかに湾入し，前方から見て中央部分は山型にはっきりと高まる．頭楯前方にある横溝は深く明瞭で，その後方には強い横隆起をそなえる．原名亜種では頭楯前方の横溝には変化が多いが，本亜種では安定している．また，背面・腹面ともに光線の角度によってかなりはっきりとした虹色光沢をそなえる．
〔1-4：♂，5：♀，6：頭楯，7：腹部，8：頭部側面，9：♂触角，10：♀触角，11：前脚爪，12：♂尾節板，13：♀尾節板，14-15：♂交尾器背面〕

雌雄の区別 触角片状部は♂では4＋1/4〜1/3節．♀では3節で柄部よりも短い．
生態 夜間灯火に集まるほか，針葉樹の葉上でも得られる．

分布 北海道，千島列島；サハリン

347-3　クロスジチャイロコガネ　九州亜種　　　　　　　　　　　　　　　　　　　Sericini　ビロウドコガネ族
***Sericania* (*fuscolineata*) *fuscolineata minuscula* Nomura, 1976**

体長　8.0〜8.5 mm　　**特徴**　形態的な特徴は，本州・四国亜種に非常によく似ているが，体は一回り小型である．尾節板の中央には♂♀共に光沢をもつ．背面にはかなり強い金属光沢をもち，四国産の亜種と比べても光沢はより強い傾向がある．ルイスチャイロコガネとは，腹面の色彩と光沢の有無によって区別できる．〔1-4：♂，5：♀，6：頭楯，7：腹部，8：頭部側面，9：♂触角，10：♀触角，11：前脚爪，12：♂尾節板，13：♀尾節板，14：♂交尾器背面〕

雌雄の区別　触角片状部は♂では4節，時として第5節はわずかに葉片化する．♀では3節で柄部よりやや短い．
生態　夜間灯火に集まること以外あまり知られていない．

分布　九州

347-4　クロスジチャイロコガネ　本州・四国亜種　　　　　　　　　　　　　　　　　　　　Sericini　ビロウドコガネ族
Sericania (fuscolineata) fuscolineata fulgida Niijima et Kinoshita, 1927

体長　8.0〜11.5 mm　**特徴**　色彩変異に富み，他種と間違えやすい．ルイスチャイロコガネやフチグロチャイロコガネとは腹面が黒色とならず，全体に光沢があることで区別できる．また，ホソチャイロコガネとは爪の形で区別できるが，非常に見誤りやすい．尾節板は主に本州東部から北部のものでは光沢を欠くが，本州西部以西，四国のものでは光沢をもつ個体が多い．〔1-4：♂，5：♀，6：頭楯，7：腹部，8：頭部側面，9：♂触角，10：♀触角，11：前脚爪，12：♂尾節板，13：♀尾節板，14-16：♂交尾器背面〕

雌雄の区別　触角片状部は♂では4節，時として第5節はわずかに伸長する．♀では3節で柄部よりやや短い．
生態　夜間灯火に集まるほか，樹皮下や葉上からも得られる．
分布　本州，四国

クロスジチャイロコガネ　本州・四国亜種　*Sericania (fuscolineata) fuscolineata fulgida*

1・6：愛媛県松山市，2・7：京都府左京区，3・9：滋賀県大津市，4・8：新潟県朝日村，5・10：長野県松本市．

ルイスチャイロコガネ　*Sericania (fuscolineata) lewisi*

11・18：群馬県富士見村，12：福井県敦賀市，13：長野県安曇村，14・17：長野県飯山市，15：新潟県長岡市，16・19：新潟県湯之谷村，20：山梨県大月市．

348 ルイスチャイロコガネ Sericini ビロウドコガネ族
Sericania (fuscolineata) lewisi **Arrow, 1913**

体長 8.0～11.5 mm **特徴** 腹面が黒色～黒褐色であることでフチグロチャイロコガネに似ているが，腹面の大部分には光沢があることで区別できる．また，クロスジチャイロコガネ本州・四国亜種とは腹面の色彩が異なること，さらに頭楯の前方には横溝が見られないことから区別できる．背面の色彩には非常に変化が多く，一見しただけでは他種と紛らわしい場合がある．〔1-4：♂，5：♀，6：頭楯，7：頭部側面，8：♂腹部，9：♀腹部，10：♂触角，11：♀触角，12：♂尾節板，13：♀尾節板，14：前脚爪，15-16：♂交尾器背面〕

雌雄の区別 触角片状部は♂では4＋1/2～3/5節．♀では3節で柄部より明らかに短い．

生態 夜間灯火に集まるほか，樹皮下や広葉樹の新芽からも得られる．

分布 本州（中部以北）

349 フチグロチャイロコガネ
Sericania (*fuscolineata*) *marginata* Nomura, 1973　　　　　　　　　　　Sericini　ビロウドコガネ族

体長　8.5〜10.5 mm　**特徴**　ルイスチャイロコガネやクロスジチャイロコガネ本州・四国亜種によく似ているが，腹面が黒色〜黒褐色で♂の腹面の大部分に光沢を欠き，♀では腹部中央にのみ光沢があることから区別できる．時として，腹面が赤味がかる場合がありクロスジチャイロコガネ本州・四国亜種と区別しにくい場合があるが，腹面の光沢の違いで区別することができる．〔1-4：♂，5：♀，6：頭楯，7：頭部側面，8：♂腹部，9：♀腹部，10：♂触角，11：♀触角，12：♂尾節板，13：♀尾節板，14：前脚爪，15：♂交尾器背面〕

雌雄の区別　触角片状部は♂では4〜4+2/3節で，柄部の1.6〜1.7倍．♀では3節で柄部とほぼ同じ長さ．
生態　夜間灯火に集まるほか，広葉樹の新芽からも得られる．

分布　本州（中部以北）

350　ヒメカンショコガネ　　　　　　　　　　　　　　　　　　　　Diplotaxini　カンショコガネ族
***Apogonia amida* Lewis, 1896**

体長　7.0〜8.5 mm　　**特徴**　日本産Apogonia属では最小で，丸みを帯び黒く輝く．頭部と前胸背板の点刻はややまばらで微弱．前胸背板の側縁部前角付近に著しい反りはない．第6腹板は第5腹板の下に引き込まれて見えない．後胸腹板は輝き，粗点刻をそなえ中央付近で裸出，側部には短毛をよそおう．中後腿節は細い．前脛節は♂♀とも2外歯をもつ．爪は裂ける．〔1-4：♂，5：頭部，6：前胸背板前角付近，7：♂後腿節，8：♀後腿節，9：後胸腹板，10：腹部，11：前脚爪，12：♂前脛節，13：♀前脛節，14：♂交尾器背面，15：♂交尾器側面〕

雌雄の区別　交尾器による．♂前脛節と後腿節は♀より細いが，見慣れないと区別は難しい．

生態　夜間灯火に集まるほか，河川敷の木片下などで越冬個体が見られる．

分布　本州，四国，九州，五島列島；台湾

351 フタスジカンショコガネ Diplotaxini カンショコガネ族
***Apogonia bicarinata* Lewis, 1896**

体長 9.0〜11.5 mm　**特徴** 黒色か暗赤褐色．頭楯は丸みを帯びるが前縁はまっすぐ．額は粗く点刻される．前胸背板は前角で横へ反り返らない．前胸背板に中央線はないか微弱．点刻は概して粗いが，変異が大きい．第1〜3腹板側部に比較的明瞭な稜が出現．尾節板は突出するが，縦の稜は不明瞭．♂♀とも前脛節第1，第2外歯は明瞭で，第3外歯は微弱か痕跡的．〔1-4：♂，5：頭部，6：前胸背板前角付近，7：♂後腿節，8：♀後腿節，9：尾節板，10：前胸背板，11：♂前脛節，12：♀前脛節，13：♂交尾器背面，14：♂交尾器側面〕

雌雄の区別 交尾器による．♂後腿節は♀より細いが，見慣れないと区別は難しい．
生態 夜間灯火に集まる．

分布 九州，大隅諸島，トカラ列島，奄美諸島，沖縄諸島，八重山諸島；台湾

352　チョウセンカンショコガネ　　　　　　　　　　　　　　　　　　　Diplotaxini　カンショコガネ族
***Apogonia cupreoviridis* Kolbe, 1886**

体長　9.5〜11.0 mm　　**特徴**　黒色で上翅は青味がかった，または銅色を帯びた光沢がある．前胸背板も黒く輝く．頭楯は一様に丸みを帯びる．フタスジカンショコガネに似るが，前胸背板前角は前方へ突出し，その先端はやや丸みを帯び，また第1〜3腹板側部の上翅と接する部分には明瞭な稜がない点で異なる．♂♀とも前脛節第1，第2外歯は明瞭で，第3外歯は痕跡的．〔1-4：♂，5：頭部，6：前胸背板前角付近，7：前胸背板，8：腹部，9：♂前脛節，10：♀前脛節，11：♂交尾器背面，12：♂交尾器側面〕

雌雄の区別　交尾器による．
生態　耕地や草原に生息し，夜間灯火に集まる．
分布　宮古諸島（宮古島，伊良部島，多良間島）；朝鮮半島，中国（北東部，中部，南部），ロシア沿海州

353 カミヤカンショコガネ
Apogonia kamiyai Sawada, 1940

Diplotaxini　カンショコガネ族

体長　8.5〜9.5 mm　**特徴**　フタスジカンショコガネに似る．黒色か暗赤褐色．頭楯は全体に丸みを帯びるが，前縁はまっすぐ．眼縁突起は側方へ突出．額は平坦で滑らか．前胸背板の側縁は前角付近でごく弱く反り返り，表面の点刻はフタスジカンショコガネより細かく密．腹部は不規則に毛を散布する．前脛節は明瞭に3外歯をもつ．〔1-4：♂，5：頭部，6：前胸背板前角付近，7：♂後腿節，8：♀後腿節，9：後胸腹板，10：腹部，11：前胸背板，12：♂前脛節，13：♀前脛節，14：♂交尾器背面，15：♂交尾器側面〕

雌雄の区別　交尾器による．♂後腿節は♀より細い．♂前脛節はやや細く，外歯もより細い．

生態　与那国島では比較的多く得られている．夜間灯火に集まる．

分布　宮古諸島（宮古島），八重山諸島（石垣島，与那国島）；台湾

354 イシハラカンショコガネ
Apogonia ishiharai Sawada, 1940   Diplotaxini　カンショコガネ族

体長　9.0〜12.0 mm　**特徴**　オオカンショコガネに似るが，前胸背板の表面の点刻は密で著しい縦皺状になる点で区別は容易．頭楯前縁は直線的で，前胸背板側縁の前半も直線的になる．腹部の毛は不規則でまばらに分布．前胸背板前角は前方へ突出し，側方へ明瞭に反り返る．前脛節は2外歯で，外縁の中央から基部近くまでの間に2〜3の鋭い刻み目がある．〔1-4：♂，5：頭部，6：前胸背板前角付近，7：♂後腿節，8：♀後腿節，9：後胸腹板，10：腹部，11：前胸背板，12：♂前脛節，13：♀前脛節，14：♂交尾器背面，15：♂交尾器側面〕

雌雄の区別　交尾器による．♂後腿節は♀より細いが，見慣れないと区別は難しい．

生態　四国では足摺岬近辺のみで，灯火採集で得られている．トカラ列島ではタブノキの葉上に見られる．

分布　四国（高知県），大隅諸島（屋久島，黒島），トカラ列島（中之島，悪石島）

355-1　オオカンショコガネ　原名亜種　　　　　　　　　　　　　　　　　　　　Diplotaxini　カンショコガネ族
Apogonia major major Waterhouse, 1875

体長　8.5〜11.0 mm　**特徴**　黒色で弱い銅色を帯びる．口永良部島産のものはごく弱い青味を帯びるものがある．前頭縫合線は側方で溝状．額両側に鈍いくぼみがある．前胸背板前寄りとやや後ろ側方寄りに1対のくぼみがあることが多い．腹部は一般に各腹板全体にわたって一様に毛におおわれるが，口永良部島産のものでは毛が減退する傾向にある．前脛節の外縁に沿って2〜3の切れ込みがある．〔1-4：♂，5：頭部，6：前胸背板，7：♂後腿節，8：♀後腿節，9：腹部，10：♂前脛節，11：♀前脛節，12：♂交尾器背面，13：♂交尾器側面〕

雌雄の区別　交尾器による．♂後腿節は♀より細いが，見慣れないと区別は難しい．
生態　夜間灯火に集まるほか，葉上に見られる．低地の暖帯林内に多い．

分布　本州（関東地方沿岸，山口県），四国（高知沖ノ島），九州，五島列島，対馬，男女群島 女島，口永良部島

発生　5月・6月・7月
環境　森林・開墾地・その他　　**標高**　低山・平地

84 ★★★

355-2　オオカンショコガネ　奄美・沖縄亜種　　　　Diplotaxini　カンショコガネ族
Apogonia major bicavata Arrow, 1913

体長　9.0〜12.0 mm　　**特徴**　黒色か暗赤褐色．前頭縫合線は側部で溝状．額は隆起，時に両側に鈍いくぼみがある．原名亜種とは前胸背板中央付近に1対のくぼみがほとんど現れないことと，腹部の毛の分布は中央付近でまばらになる点で異なる．沖縄島産の個体では前胸背板の点刻がしばしば後ろに開く．前脛節の外縁には2〜3の切れ込みがある．
〔1-4：♂，5：頭部，6：前胸背板前角付近，7：♂後腿節，8：♀後腿節，9：腹部，10：♂前脛節，11：♀前脛節，12：♂交尾器背面，13：♂交尾器側面〕

雌雄の区別　交尾器による．♂の後脛節端棘や後腿節は♀より細いが，見慣れないと区別は難しい．
生態　夜間灯火に集まる．沖縄島では人の手が入った草原，疎林や海岸に産し，黄昏時に活発に飛翔．
分布　トカラ列島（中之島），奄美諸島（奄美大島，徳之島，沖永良部島），沖縄諸島（沖縄島，伊平屋島，渡嘉敷島，久米島）

356 タニガワカンショコガネ Diplotaxini　カンショコガネ族
Apogonia tanigawaensis Sawada, 1940

体長 9.7〜10.0 mm　**特徴** オオカンショコガネに似る．♂は黒色で光沢があり前胸背板は青味を帯びる．頭楯前縁はまっすぐ．前胸背板は滑らかで前縁近くに不明瞭な1対のくぼみがある．前角は直角で前方への突出感があり側方へ反る．側縁前半は直線的．前脛節外縁に2つの切れ込みがある．後胸腹板の毛は上側方の領域のみ．腹板の毛は側部で広く散布，中央では1列になる．図示個体は下位同物異名のイケダカンショコガネの正模式標本．〔1-4：♂，5：頭部，6：前胸背板，7：後胸腹板，8：前胸背板前角付近，9：腹部，10：♂前脛節，11：♂交尾器背面，12：♂交尾器側面〕

雌雄の区別 ♀が未知のため不明．

生態 灯火には集まらず，生態不明．戦災で模式標本が焼失しプレートの標本は現存する唯一の個体である．

分布 本州東部（群馬県谷川岳付近，山形県米沢市）

357 クリイロコガネ
Miridiba castanea (Waterhouse, 1875)

Melolonthini　コフキコガネ族

体長　19.0〜25.0 mm　**特徴**　光沢の鈍い赤褐色．頭頂に弧状の稜がある．触角は9節．前胸背板の点刻は細密．上翅は滑らかで会合隆条以外の隆条は消失する．中・後脛節の上縁に沿って2〜3の非常に鋭い棘を有する．〔1-4：♂，5：♀，6：頭部，7：♂触角，8：♀触角，9：♂後腿節，10：♀後腿節，11：前胸背板，12：上翅，13：♂前脛節，14：♀前脛節，15：♂交尾器背面，16：♂交尾器側面〕

雌雄の区別　♂触角片状部は♀より長い．♂の前脛節と後腿節は♀より細い．

生態　夜間灯火に集まる．都市部でもわずかに発生し，庭の垣根となるネズミモチの葉などを夜間食害し，日中はその直下の落葉下や土中に潜む．古くからの環境が壊された所では発見しにくい．

分布　本州，四国，隠岐諸島，九州，壱岐，五島列島；朝鮮半島，済州島，中国（北部，中部）

358 ヤエヤマクリイロコガネ　　　　　　　　　　　　　　　　　　　　　　　　Melolonthini　コフキコガネ族
Miridiba hirsuta T. Itoh, 2001

体長　16.0～20.5 mm　**特徴**　やや光沢の鈍い赤褐色．上面全体に灰白色の特徴的な長短毛をよそおう．下面も全体が毛におおわれる．頭頂には弧状の横稜がある．触角は9節．前胸背板は前方へ著しく狭まり，点刻は密で粗く，大きさの異なる2種類のものが混在する．上翅は滑らかで隆条は会合隆条を除いて消失する．〔1-4：♂，5：♀，6：頭部，7：♂触角，8：♀触角，9：♂後腿節，10：♀後腿節，11：前胸背板，12：上翅，13：♂前脛節，14：♀前脛節，15：♂交尾器背面，16：♂交尾器側面〕

雌雄の区別　♂触角片状部は♀より長く，♂の前脛節と後腿節は♀より細い．

生態　夜間灯火に集まる．石垣島では薄暮時，交尾相手探索の為の群飛と樹上での交尾が観察されている．

分布　石垣島，西表島

359 アマミクロコガネ
Holotrichia amamiana (Nomura, 1964)

Melolonthini　コフキコガネ族

体長　17.0〜20.0 mm　**特徴**　日本産*Holotrichia*属ではオオクロコガネとともに上面に光沢を欠くことで区別は容易．前胸背板の中央線に沿って縦のかすかなくぼみを生ずる．尾節板は粗くやや皺状に点刻される．♂交尾器の側片は基片と垂直に細く伸び，内嚢は筒状の骨片になる．〔1-4：♂，5：♀，6：前胸背板，7：♂後脛節端棘，8：♀後脛節端棘，9：♂後腿節，10：♀後腿節，11：♂腹部，12：♀腹部，13：♂前脛節，14：♀前脛節，15：♂交尾器背面，16：♂交尾器側面〕

雌雄の区別　♂第6腹板は♀より縦幅が短い．♂の後腿節，前脛節，後脛節の端棘は♀より細い．

生態　夜間灯火に集まる．

分布　奄美諸島（奄美大島，徳之島）

360 マルオクロコガネ
Holotrichia convexopyga Moser, 1912

Melolonthini　コフキコガネ族

体長　16.0〜23.0 mm　**特徴**　光沢ある黒色．クロコガネに似るが，前胸背板は光沢がより強く，後縁の点刻列は中央で途切れない傾向にある．尾節板は基部近くで横に膨隆．第5腹板はゆるやかに傾斜．♂交尾器内嚢の骨片は先端へ細く尖り，クロコガネと異なる．額は中高で滑らかで，その点刻は円く粗くまばら．前胸背板前角は丸みをもつが，トカラクロコガネより角張る．〔1-4：♂，5：♀，6：頭部，7：前胸背板，8：前胸背板後縁中央，9：尾節板側面，10：♂腹部，11：♀腹部，12：♂交尾器背面，13：♂交尾器側面〕

雌雄の区別　♂第6腹板の縦の幅が短く平坦，♀ではより長く膨隆する．

生態　農耕地や草地に生息し草本の葉や花を食べる．都市部では分布は局限される．灯火にはほとんど集まらない．

分布　本州，伊豆諸島，四国，九州；中国中部

361　ダンジョクロコガネ　　　　　　　　　　　　　　　　　　　　　Melolonthini　コフキコガネ族
***Holotrichia danjoensis* Y. Miyake et Imasaka, 1982**

体長　20.2〜22.5 mm　**特徴**　クロコガネに近似の種．光沢のある黒色．前胸背板側縁は明瞭に刻まれる．上翅第2〜5
隆条は細いが際立つ．尾節板はやや皺状，♂ではやや突出し，♀では先端近くで横長に隆起する．♂第5腹板はゆるや
かに傾斜．♂交尾器側片は三日月形でクロコガネに似るが，内嚢最大の骨片は先端で鋭く尖りクロコガネと異なる．
〔1-4：♂，5：♀，6：頭部，7：前胸背板，8：前胸背板側縁部，9：♂尾節板，10：♀尾節板，11：♂腹部，12：♀
腹部，13：♂交尾器背面，14：♂交尾器側面〕

雌雄の区別　♀尾節板は明瞭に突出，横位に隆起．♂第6腹板は縦幅が短く，♀では長い．
生態　現存する標本はわずかであり，生態はほとんど判明していない．

分布　男女群島

362-1　リュウキュウクロコガネ　原名亜種　　　　　　　　　　　　　　　　　　　　Melolonthini　コフキコガネ族
Holotrichia loochooana loochooana (Sawada, 1950)

体長　19.0～22.0 mm　**特徴**　茶褐色～黒褐色で光沢はやや鈍い．クロコガネに似るが，♂♀とも第5腹板は後端に向かいゆるやかに傾斜する．前胸背板は粗い点刻を散布し，後縁中央では点刻列は途切れる．上翅中央はやや皺状になることが多い．♀後脛節の端棘は強く屈曲する．♂交尾器の内嚢の骨片は先端へ向かって尖る．〔1-4：♂，5：♀，6：頭部，7：前胸背板，8：前胸背板後縁中央，9：♀後脛節端棘，10：上翅，11：♂腹部，12：♀腹部，13：♂交尾器背面，14：♂交尾器側面〕

雌雄の区別　♂第6腹板は縦幅が短く平坦，♀では長く膨隆する．
生態　樹林の林縁部で薄暮時から日没後まで活動．
分布　宮古諸島（宮古島，伊良部島，多良間島），八重山諸島（石垣島，西表島）

362-2　リュウキュウクロコガネ　沖縄亜種　　　　　　　　　　　　　　　Melolonthini　コフキコガネ族
***Holotrichia loochooana okinawana* (Nomura, 1964)**

体長　19.0〜23.0 mm　**特徴**　クロコガネに似るが，第5腹板は後端に向かいゆるやかに傾斜する．原名亜種とは上翅中央が皺状ではない点で異なるがかなり微妙．前胸背板は粗い点刻を散布し，後縁の点刻列は中央で途切れる．♀の後脛節の端棘はゆるやかに屈曲．♂交尾器側片は原名亜種よりわずかに角ばって突出する．〔1-4：♂，5：♀，6：頭部，7：前胸背板，8：前胸背板後縁中央，9：♀後脛節端棘，10：上翅，11：♂腹部，12：♀腹部，13：♂交尾器背面，14：♂交尾器側面〕

雌雄の区別　♂第6腹板は縦幅が短く平坦，♀では長く膨隆する．
生態　樹林の林縁部で薄暮時から日没後まで活動．日中でも曇天時は活動する．
分布　沖永良部島，沖縄諸島（沖縄島，久米島，伊平屋島，渡嘉敷島，阿嘉島）

363 クロコガネ　　　　　　　　　　　　　　　　　　　　　　　　　　Melolonthini　コフキコガネ族
Holotrichia kiotonensis **Brenske, 1894**

体長 17.0〜22.0 mm　**特徴** 光沢の鈍い黒色．前胸背板の光沢はマルオクロコガネより鈍く，後縁の点刻列は中央で途切れる．尾節板はやや中高．♂第5腹板は横位の段差があり後縁付近で平坦になる．♂交尾器内嚢の骨片は先端が拡大．〔1-4：♂，5：♀，6：頭部，7：前胸背板，8：♂後腿節，9：♀後腿節，10：♂腹部，11：♀腹部，12：前胸背板後縁中央，13：♂交尾器背面，14：♂交尾器側面〕

雌雄の区別 ♂第6腹板の縦幅は短く平坦，♀ではより長く膨隆．♂後腿節は♀より細い．

生態 夜間に農耕地のあぜや草地を低く飛びまわり，草本の葉や花を食べる．都市部でも古くから手付かずの庭や空き地があれば生息する．灯火にはあまり集まらない．

分布 北海道，本州，佐渡島，八丈島，四国，九州，壱岐，五島列島，対馬，大隅諸島（屋久島，黒島）

364 トカラクロコガネ
Holotrichia tokara Nakane, 1956

Melolonthini　コフキコガネ族

体長　19.0～23.0 mm　**特徴**　光沢が鈍い中型黒色の種．額は中高で凹凸があり，点刻は円いものと後方へ開いたものが混在．前胸背板の前角は著しく丸く，側縁前方に刻み目はほとんどない．後縁の点刻は中央で途切れる．♂第5腹板は後縁手前で急傾斜，後縁付近では平坦．♂交尾器はクロコガネに似るが，内嚢の骨片は先端へ鈍く狭まる．〔1-4：♂，5：♀，6：頭部，7：前胸背板後縁中央，8：前胸背板側縁部，9：♂腹部，10：♀腹部，11：♂交尾器背面，12：♂交尾器側面〕

雌雄の区別　♂第6腹板の縦幅は短く，♀では長い．

生態　採集例が少なく，地表にいたものが偶然に採集された程度の知見があるのみ．

分布　トカラ列島（中之島，悪石島，宝島）

365 チョウセンクロコガネ Melolonthini コフキコガネ族
Holotrichia diomphalia **(Bates, 1888)**

体長 16.0〜18.0 mm　**特徴** 鈍い光沢ある黒色．尾節板の左右両端に各1つずつの顕著なくぼみがあり，中央先端寄りには顕著な横長の突出部がある．クロコガネに似るが，第5腹板は先端に向かい急な下り傾斜となり，後端では平坦になる点が異なる．♂交尾器の側片は左右で形が異なり，右の側片が後退する．交尾の際，内嚢の骨片は上方へ展開する．〔1-4：♂, 5：♀（北朝鮮産），6：頭部，7：前胸背板，8：♂後腿節，9：♀後腿節，10：♂腹部，11：♀腹部，12：尾節板，13：♂交尾器背面，14：♂交尾器側面〕

雌雄の区別 ♂第6腹板の縦幅はやや短く♀では長い．♂後腿節と前脛節は♀より細い．

生態 対馬では非常にまれ．韓国では海岸線から標高数百mまでの灯火などで得られ，数は少なくない．

分布 対馬；朝鮮半島，済州島，中国北東部，モンゴル，ロシア沿海州

366　アリタクロコガネ　　　　　　　　　　　　　　　　　　Melolonthini　コフキコガネ族
***Holotrichia aritai* (Nomura, 1964)**

体長　19.0〜24.0 mm　**特徴**　赤褐色の光沢のある種．上翅は特に色が明るい．頭楯は2葉状で前縁中央部はやや深く湾入．額はやや皺状で点刻は後ろへ開くものが多い．後頭部は点刻のない部分が広がり，かなり後方に点刻の横帯がある．前胸背板は粗く点刻される．第5腹板全体に短毛と側部に長毛を有する．前脛節第3外歯は著しく基部に寄りかつ鋭い．〔1-4：♂，5：♀，6：頭部，7：後頭部，8：♂後腿節，9：♀後腿節，10：前胸背板，11：♂触角，12：♀触角，13：♂前脛節，14：♀前脛節，15：♂交尾器背面，16：♂交尾器側面〕

雌雄の区別　♂の触角片状部はより長く，♂の後腿節，前脛節は♀よりも細い．

生態　夜間灯火に集まる．森林の林縁に生息．

分布　八重山諸島（石垣島，西表島）

367 ホクセンクロコガネ（新称） Melolonthini コフキコガネ族
***Holotrichia koraiensis* Murayama, 1937**

体長 16.3〜20.0 mm **特徴** 適度な光沢がある赤褐色の種．頭楯，額はともに皺状．頭楯前縁は中央で明らかに湾入する．額に不明瞭な1対の隆起がある．後頭部は広く点刻がないが，後方にわずかな点刻が存在する．前胸背板前縁にはわずかな長毛をよそおう．尾節板は中央よりやや先端寄りで突出する．♂交尾器側片は基片とは垂直に長く伸長する．〔1-4：♂，5：♀，6：頭部，7：♂後腿節，8：♀後腿節，9：前胸背板，10：♂腹部，11：尾節板側面，12：♂交尾器背面，13：♂交尾器側面〕

雌雄の区別 ♂触角片状部は♀より長く，♂後腿節は♀より細い．♂腹部には中央線に沿う溝がある．

生態 対馬ではまれで低山から中山に産するが，韓国では標高数百〜1500mの中山で灯火から得られている．

分布 対馬；朝鮮半島，済州島，中国北東部

368 オオクロコガネ
Melolonthini　コフキコガネ族
Holotrichia parallela **(Motschulsky, 1854)**

体長　17.0〜25.0 mm　**特徴**　体全体に光沢を欠く暗赤褐色〜黒色の中型種．頭楯は長く，前縁は軽く湾入する．頭頂直後に広い非点刻域がある．前胸背板の前縁に長毛を配列．後縁は中央以外弱い縁取りがあるが，点刻によって細断され，点刻は後縁全体を通して配列されるか中央のみ欠く．前胸背板の点刻は粗くやや縦皺状．♂交尾器側片は屈曲し先端で尖り，下方斜め側面は膜質化．〔1-4：♂，5：♀，6：色彩変異，7：頭部，8：前胸背板後縁側部，9：前胸背板側面，10：尾節板，11：♂腹部，12：♀腹部，13：♂交尾器背面，14：♂交尾器側面〕

雌雄の区別　♂第6腹板の縦幅は短く，♀では長い．

生態　農耕地や河川の土手に出現．幼虫は時に農作物に加害する．都市部でも少ないながら生息する．

分布　本州，伊豆諸島，四国，九州，五島列島，壱岐，対馬，大隅諸島（屋久島，馬毛島，種子島）；朝鮮半島，済州島，中国北東部，ロシア沿海州，サハリン

369 コクロコガネ　　　　　　　　　　　　　　　　　　　　　Melolonthini　コフキコガネ族
Holotrichia picea Waterhouse, 1875

体長　16.0〜20.0 mm　**特徴**　光沢の強いやや小型の種．頭楯は長く，前縁は軽く湾入する．頭頂直後に広い非点刻域，その後方に点刻の横帯がある．前胸背板前縁に長毛を散生．後縁は中央以外縁取られ，点刻によって細断される．腹部は被覆された第5腹板側部以外は光沢がある．♂交尾器側片は屈曲し横圧．側片腹面の硬化板は膜質を通して両側片と接続．〔1-4：♂，5：♀，6：頭部，7：前胸背板後縁側部，8：前胸背板側面，9：第5腹板側部，10：♂腹部，11：♀腹部，12：♂交尾器斜め側面，13：♂交尾器側面〕

雌雄の区別　♂第6腹板の縦幅は短く，♀では長い．

生態　晩春から初夏の頃，林内，林縁部，河川の土手などに出現．

分布　北海道，本州，佐渡島，伊豆諸島，四国，隠岐諸島，九州，五島列島，壱岐，対馬，屋久島；朝鮮半島，済州島，中国北東部，ロシア沿海州

370 オオキイロコガネ Melolonthini コフキコガネ族
***Pollaplonyx flavidus* Waterhouse, 1875**

体長 15.5〜20.0 mm **特徴** 光沢がある明黄褐色の種．♂♀で形態がかなり異なる．♂の小腮枝末端節は三角形状．♂尾節板は強くドーム状に突出する．♂の爪の内歯は小さく前方へ傾くが，♀の内歯はより垂直に近く大きい．♂の腹部は中央線に沿って溝状のくぼみを生ずる．♂交尾器は圧せられた円筒形で側片は短い．〔1-4：♂, 5：♀, 6：頭部, 7：♂前脚爪, 8：♀前脚爪, 9：♂小腮枝末端節, 10：♂腹部, 11：尾節板側面, 12：前胸背板, 13：♂前脚, 14：♀前脚, 15：♂交尾器背面, 16：♂交尾器側面〕

雌雄の区別 ♂は前脛節と前フ節がよく伸長するが，♀では通常．

生態 平地から中山にかけて春季の夜間灯火に集まるが，発生期が短いため発見が難しい．

分布 本州，四国，九州，五島列島

371-1　アマミヒメクロコガネ　原名亜種　　　　　　　　　　　　　　　　　　　　Melolonthini　コフキコガネ族
***Sophrops kawadai kawadai* (Nomura, 1959)**

体長　11.0〜15.0 mm　**特徴**　光沢を欠く黒褐色の小型種．頭楯の前側方に丸みがある．後頭部には眼のそばに点刻群がある．後胸腹板は裸出し，中央の菱形領域のみ明瞭な光沢がある．♂交尾器側片は後方へ顕著に突出し，内嚢の棒状骨片は強く曲折する．〔1-4：♂，5：♀，6：頭部，7：前胸背板，8：後胸腹板，9：♂腹部，10：♀腹部，11：♂交尾器背面，12：♂交尾器側面〕

雌雄の区別　♂第5腹板の後端中央付近は顕著に隆起するが，♀ではゆるやかに傾斜．♂第6腹板は縦幅が短く明瞭な横稜をもつが，♀では長く稜はない．

生態　自然度の高い樹林内や林縁で得られる．

分布　奄美大島，加計呂麻島

371-2　アマミヒメクロコガネ　沖縄亜種
Sophrops kawadai okinawaensis Nomura, 1977

Melolonthini　コフキコガネ族

体長　13.0〜14.0 mm　**特徴**　光沢を欠く褐色の小型種．頭楯の前側方に丸みがあり，額は滑らかでない．後頭部は眼のそばに点刻群がある．上翅は原名亜種より明るい褐色．♂交尾器側片の先端方向への突出は，原名亜種同様に著しい．交尾器内囊の棒状骨片は強く曲折．〔1-4：♂，5：♀，6：頭部，7：前胸背板，8：後胸腹板，9：♂腹部，10：♀腹部，11：♂交尾器背面，12：♂交尾器側面〕

雌雄の区別　♂第5腹板の後端中央付近は顕著に隆起するが，♀ではゆるやかに傾斜．♂第6腹板は縦幅が短く明瞭な横稜をもつが，♀では長く稜はない．

生態　自然度の高い樹林内や林縁部に多く，夜間灯火に集まる．

分布　沖縄島，久米島

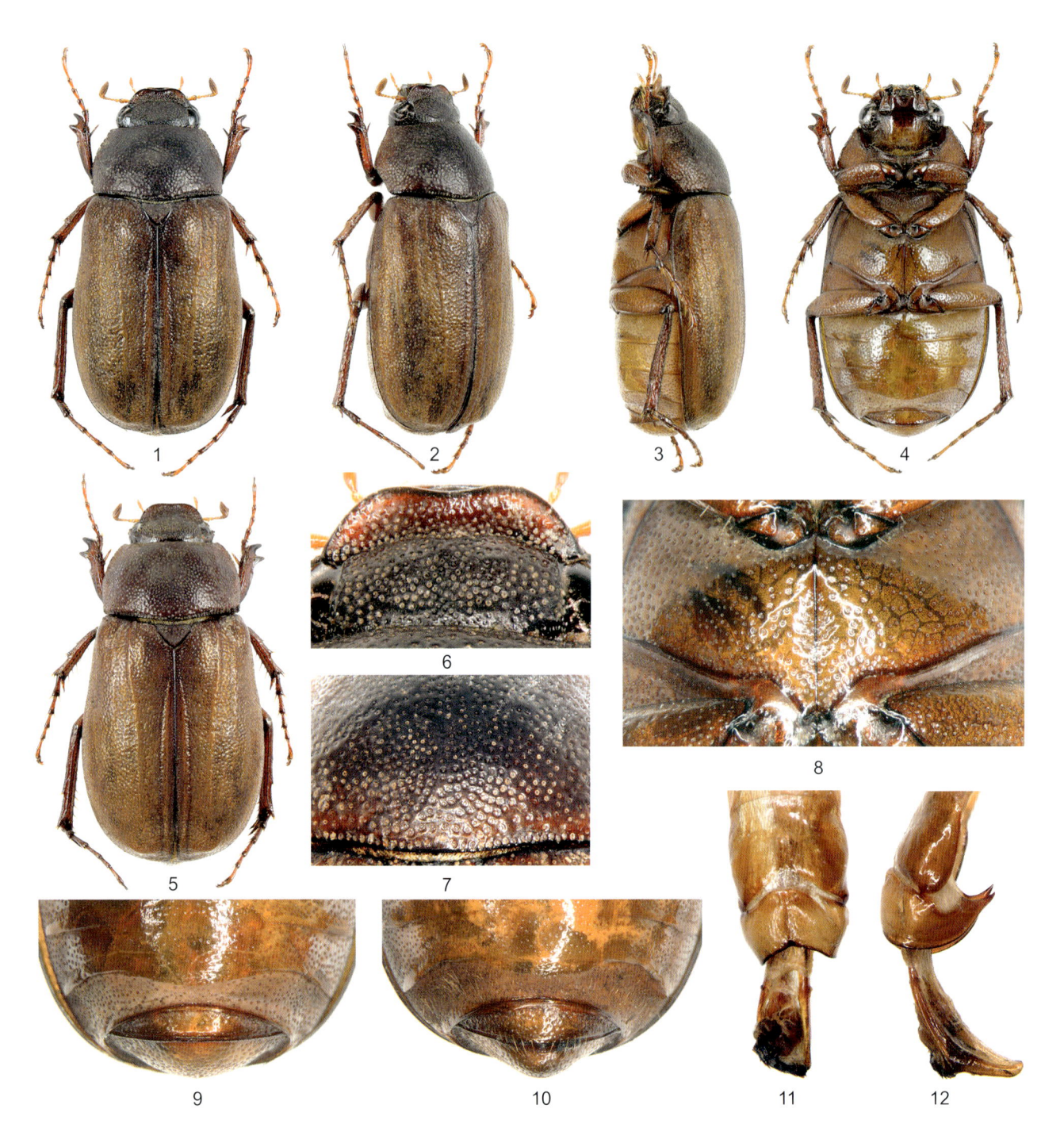

372-1　ヤエヤマヒメクロコガネ　原名亜種　　　　　　　　　　　　　　　　　　　　Melolonthini　コフキコガネ族
Sophrops konishii konishii Nomura, 1970

体長　12.5〜14.0 mm　**特徴**　光沢を欠く褐色の小型種．頭楯の前側方は直線に近く，幅広いM字状または台形状になる．後頭部は複眼の近くに点刻群がある．第5腹板は大半の部分が被覆され白くかすれ，後端中央付近は♂♀ともにゆるやかに傾斜する．♂交尾器側片の後端は一様に丸まる．♂交尾器内嚢の棒状骨片はアマミヒメクロコガネの2亜種よりもやや弱く曲折する．〔1-4：♂，5：♀，6：頭部，7：前胸背板，8：後胸腹板，9：♂腹部，10：♀腹部，11：♂交尾器背面，12：♂交尾器側面〕

雌雄の区別　♂第6腹板は縦幅が短く，♀では長く稜はない．

生態　夜間灯火に集まる．自然度の高い樹林内や林縁部に出現．

分布　八重山諸島（石垣島，西表島）

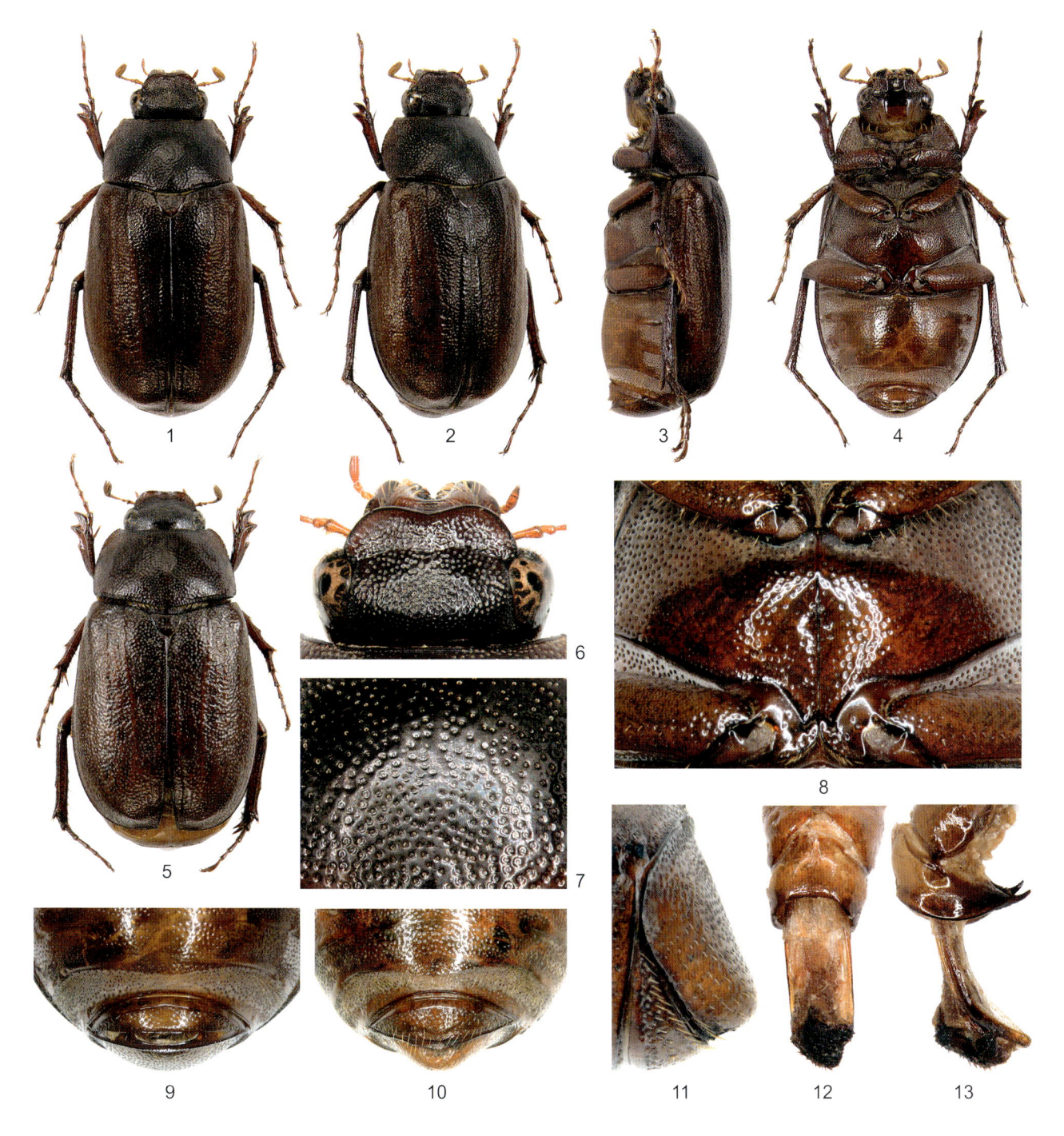

372-2　ヤエヤマヒメクロコガネ　与那国島亜種　　　　　　　　　　　Melolonthini　コフキコガネ族
***Sophrops konishii yonaguniensis* Nomura, 1970**

体長　15.5～16.0 mm　**特徴**　光沢を欠く褐色の小型種．♂♀とも第5腹板は後端へゆるやかに傾斜する．原名亜種とは，体が明らかにより大きいこと，体は全体により黒ずみ，頭部と前胸背板は特に黒いこと，頭楯の前側方はやや丸みを帯びること，交尾器が明らかにより太いことで区別できる．♂交尾器内嚢の骨片は原名亜種同様に曲折が弱い．
〔1-4：♂，5：♀，6：頭部，7：前胸背板，8：後胸腹板，9：♂腹部，10：♀腹部，11：♀尾節板側面，12：♂交尾器背面，13：♂交尾器側面〕

雌雄の区別　♂第6腹板は縦幅が短く，♀では長く稜はない．♀尾節板は先端近くで顕著に突出する．
生態　日没後に活動，夜間灯火に集まる．樹林の林縁で発見されることが多い．

分布　与那国島

373 ミヤコヒメクロコガネ　　　　　　　　　　　　　　　　　　　　　　　　　Melolonthini　コフキコガネ族
***Sophrops takatoshii* T. Itoh, [1990]**

体長　13.5～15.5 mm　**特徴**　ごく弱い光沢がある明黄褐色の小型種．頭楯は前側方が直線に近くM字状．♂触角片状部は他2種より長い．♂交尾器側片の後端は一様に丸まり，内嚢の棒状骨片は弱く曲折することで，ヤエヤマヒメクロコガネに近い．〔1-4：♂，5：♀，6：頭部，7：前胸背板，8：♂触角，9：♀触角，10：♂腹部，11：♀腹部，12：♂交尾器背面，13：♂交尾器側面〕

雌雄の区別　♂第5腹板後端中央付近は顕著に隆起，♀ではゆるやかに傾斜．♂第6腹板は縦幅が短く，♀では長い．♂触角片状部は♀より明らかに長い．

生態　灯火に集まるほか，夜間にタブの木の葉上にて発見されている．

分布　宮古島

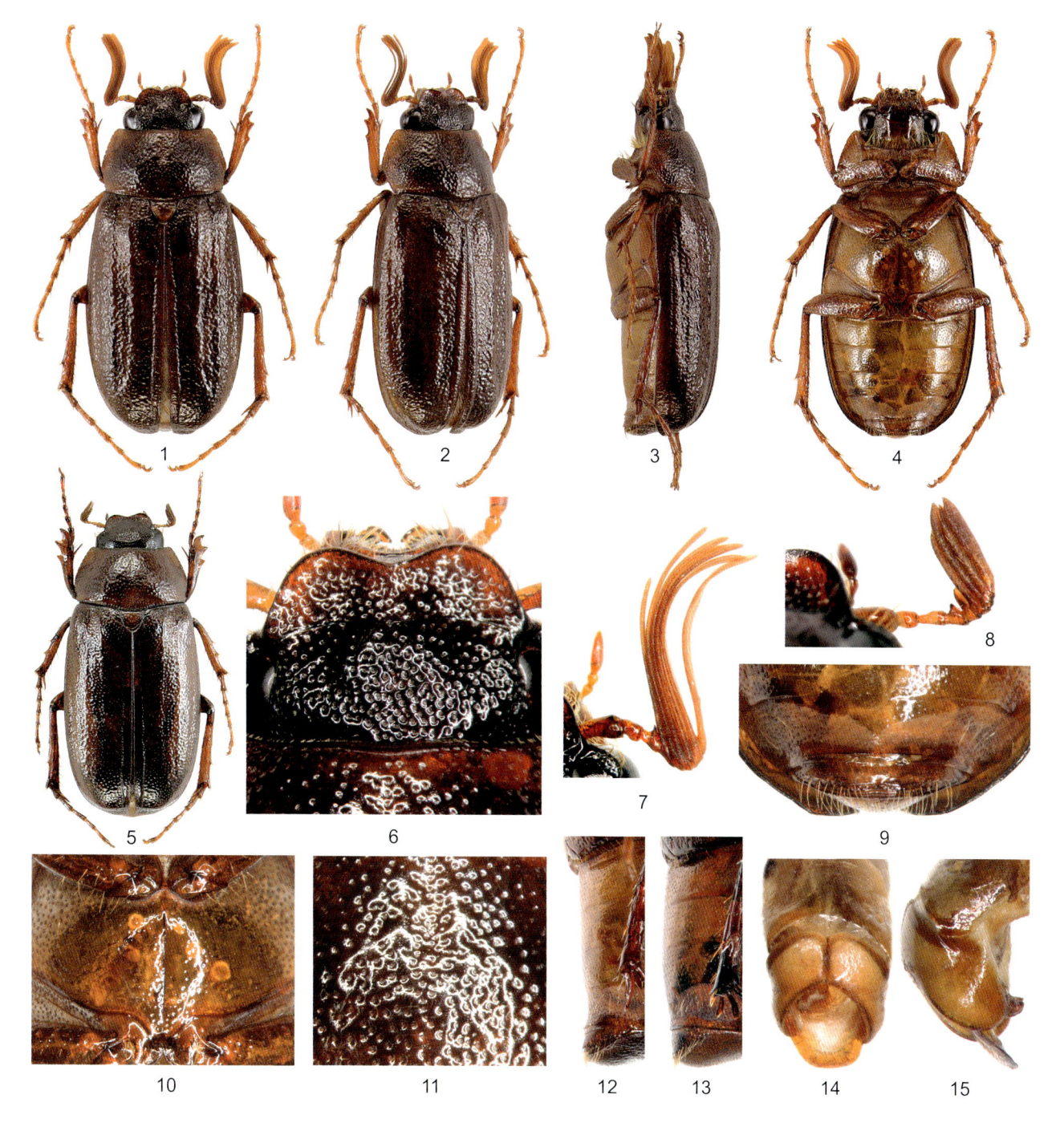

374 ヒゲナガクロコガネ　　　　　　　　　　　　　　　　　　　　　　　　　　Melolonthini　コフキコガネ族
Hexataenius protensus Fairmaire, 1891

体長　12.5〜15.0 mm　**特徴**　光沢がある黒褐色の小型種．頭楯は前側方が直線的でM字状．触角は9節．前胸背板は皺状に粗く点刻される．後胸部はほぼ無毛で中央の菱形領域は光沢があり，側部は光沢を欠く．第5腹板は基部中央付近と後縁部以外は光沢がない．♂♀とも脚は細く，後脛節端棘も細い．〔1-4：♂，5：♀，6：頭部，7：♂触角，8：♀触角，9：♂腹部，10：後胸腹板，11：前胸背板，12：♂腹部側面，13：♀腹部側面，14：♂交尾器背面，15：♂交尾器側面〕

雌雄の区別　♂触角片状部は7節で長く，♀は5節で短い．♂腹部は側方から見ると平坦，♀はやや膨隆．

生態　夜間灯火に集まるほか，潅木の葉上や樹幹のコケの下で得られている．

分布　九州；中国中部

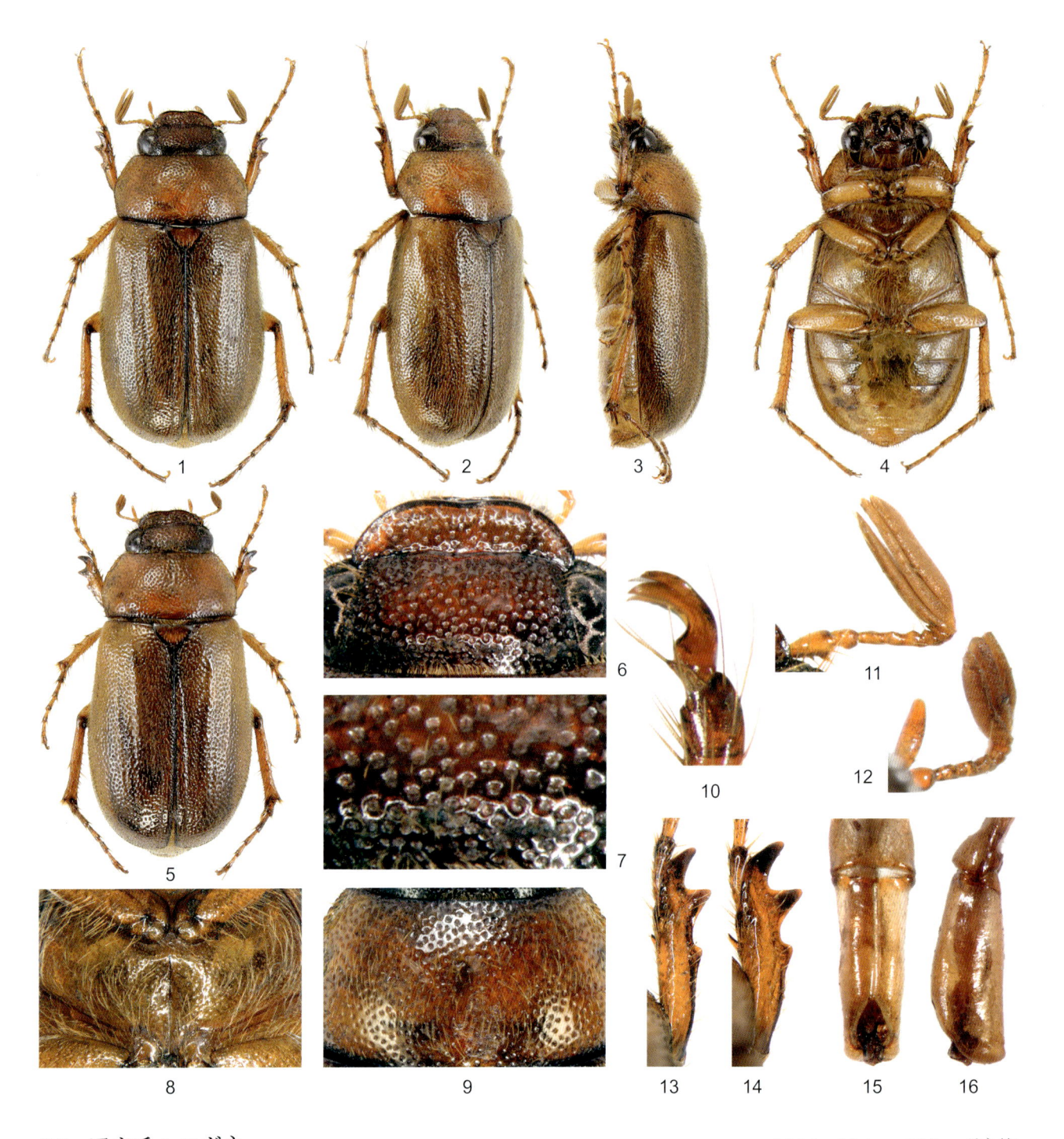

375 アカチャコガネ Melolonthini コフキコガネ族
***Brahmina sakishimana* Nomura, 1965**

体長 10.0〜11.0 mm **特徴** 上下面とも黄灰色の短毛におおわれる．後胸腹板は長毛におおわれる．頭楯は前縁でわずかに湾入し，額は著しく粗く点刻され網目状に近い．後頭部の点刻は頭頂直後のみに分布．前胸背板や尾節板の点刻も粗い．前脛節は3外歯，爪は裂け内歯は先端で裁断状．♂交尾器は円筒状で，先端近くで強く狭まる．〔1-4：♂，5：♀，6：頭部，7：後頭部，8：後胸腹板，9：前胸背板，10：♂前脚爪，11：♂触角，12：♀触角，13：♂前脛節，14：♀前脛節，15：♂交尾器背面，16：♂交尾器側面〕

雌雄の区別 ♂触角片状部は♀より長く，♂前脛節は♀より細い．

生態 夜間灯火に集まる．自然度の高い樹林とその周辺で得られている．

分布 八重山諸島（石垣島，西表島）

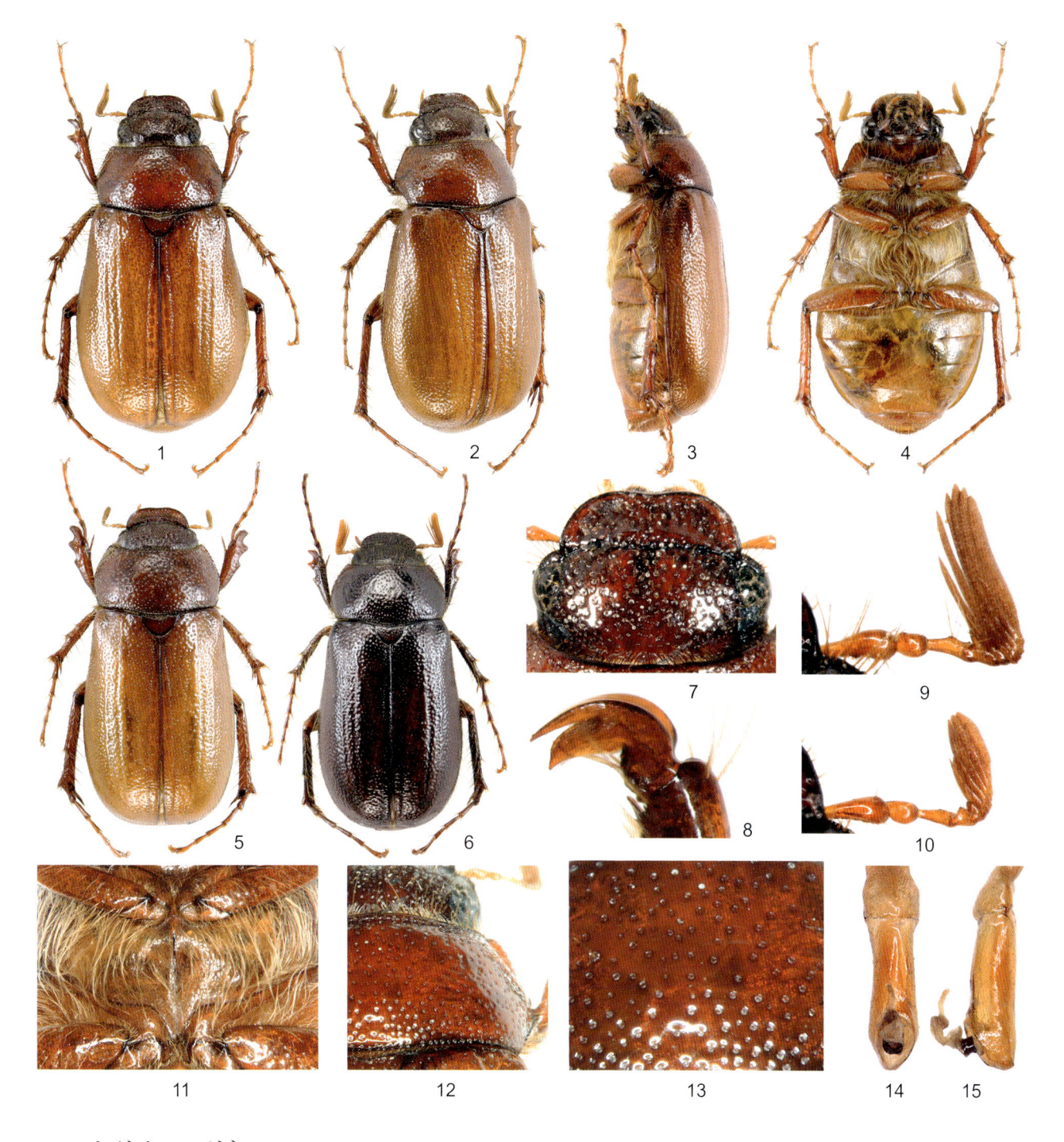

376 ナガチャコガネ Melolonthini コフキコガネ族
Heptophylla picea Motschulsky, 1857

体長 10.0〜15.3 mm **特徴** 黄褐色の小型種．色彩は明るい色から暗色まで変化する．前胸背板は赤褐色で光沢がある．頭楯は2葉状で前側方は丸みを帯びる．頭部と前胸背板はともに粗く点刻される．前胸背板の前縁は長毛を配列し，側縁は明瞭な刻み目がある．後胸部は長毛におおわれ一様な光沢がある．爪は裂ける．♂交尾器は円筒型で単純．♀では飛べない個体も知られている．〔1-4：♂，5：♀，6：色彩変異，7：頭部，8：♂前脚爪，9：♂触角，10：♀触角，11：後胸腹板，12：前胸背板側縁部，13：前胸背板，14：♂交尾器背面，15：♂交尾器側面〕

雌雄の区別 ♂触角片状部は6〜7節で長く，♀は5節で短い．

生態 中山から平地まで広く分布する普通種．幼虫が時にカラマツの幼木や茶の根を食害する害虫となる．

分布 屋久島以北の日本全土；朝鮮半島

377　ビロウドアカチャコガネ　　　　　　　　　　　　　　　　　　　　　　　　Melolonthini　コフキコガネ族
***Hilyotrogus yasuii* (Nomura, 1970)**

体長　14.5〜15.5 mm　**特徴**　頭楯は前縁でほぼまっすぐ，前方へ強く反る．額は中高で点刻は粗い．後頭部は眼の後縁のラインまで点刻される．前胸背板前縁はわずかな細毛をよそおう．腹側部や第5腹板に毛を散生，腹部は♂でもよく膨隆．爪は裂け内歯は先端で曲がり尖る．本属では例外的に触角片状部が3節からなる．♂交尾器の基片の後端は後方へやや突出．〔1-4：♂，5：♀，6：頭部，7：♂触角，8：♀触角，9：♂腹部側面，10：♂前胸背板，11：♀前胸背板，12：♂前脚爪，13：♂交尾器背面，14：♂交尾器側面〕

雌雄の区別　♀前胸背板前縁の縁取りは中央で太くなり，縁取りの内側に沿ってやや横溝状にえぐれる．

生態　自然度の高い低山で非常にまれに得られているだけで，生態の解明が急がれる種である．

分布　八重山諸島（石垣島，西表島）

378　ケブカアカチャコガネ　　　　　　　　　　　　　　　　　　　　　　　Melolonthini　コフキコガネ族
Dasylepida ishigakiensis (Niijima et Kinoshita, 1927)

体長　14.0〜17.0 mm　**特徴**　地色は暗黒褐色．黄灰白色の短剛毛でおおわれる．頭楯は縦長で前角は強く丸まり，前縁でまっすぐ．前胸背板の前縁と後縁に直立毛をよそおう．上面の白色剛毛は♀の方が太い．♀の爪は♂より広く裂ける．♂の尾節板は強く突出，♀では普通に膨隆．♂交尾器側片は左右非対称，側片内側に分枝をもつ．〔1-4：♂，5：♀，6：色彩変異，7：頭部，8：前胸背板側面，9：♂前胸背板，10：♀前胸背板，11：♂前脚爪，12：♀前脚爪，13：♂触角，14：♀触角，15：♂尾節板側面，16：尾節板側面，17：♂交尾器背面，18：♂交尾器側面〕

雌雄の区別　♂は触角片状部が大きく，♀は小さい．

生態　宮古島ではサトウキビの主要な害虫となる．石垣島では畑地で冬季に，山林では春季に発生．

分布　宮古諸島（宮古島，伊良部島），八重山諸島（石垣島，西表島）

379 オオコフキコガネ 原名亜種 Melolonthini コフキコガネ族
***Melolontha* (*Melolontha*) *frater frater* Arrow, 1913**

体長 24.0〜32.0 mm　**特徴** 地色は暗赤褐色の大型種．上面は灰白色の短剛毛におおわれる．頭楯の点刻は細密で規則的．額の点刻は頭楯より明瞭に粗い．前胸背板の点刻は微細．中基節間を小さな突起が貫く．尾節板先端は尖る．♂交尾器側片に棘がある．〔1-4：♂，5：♀，6：♂頭部，7：♀頭部，8：前胸背板，9：尾節板，10：中胸腹板突起，11：♂前脛節，12：♀前脛節，13：♂交尾器背面，14：♂交尾器側面〕

雌雄の区別 ♂触角片状部は長く7節，♀は短く6節．♂前脛節は2外歯，♀は3外歯．♂の頭楯は四角形に近く前縁で強く反るが，♀では前方へやや狭まり，弱く反り返る．

生態 夜間灯火に集まるほか，日中は樹葉上で後食する．海岸や海岸に近い低標高の所に多い．

分布 本州，佐渡島，伊豆諸島（大島，新島，式根島，神津島），四国，九州，壱岐，五島列島，大隅諸島（屋久島，種子島，馬毛島，口永良部島）

380 コフキコガネ
Melolonthini コフキコガネ族
***Melolontha* (*Melolontha*) *japonica* Burmeister, 1855**

体長 24.0〜32.0 mm **特徴** 地色は明褐色から暗褐色．上面は黄灰白色の短剛毛におおわれる．頭楯は額と同様，細密で規則的に点刻されることで，額の点刻がより粗く不規則なオオコフキコガネと区別できる．中胸腹板突起が中基節間を貫くが，その長さには変異がある．尾節板の先端はやや伸長し先端で鈍く丸まるかやや裁断状．♂前脛節は2外歯，♀では2外歯か痕跡的に第3外歯が現れる．〔1-4：♂，5：♀，6：♂頭部，7：♀頭部，8：前胸背板，9：尾節板，10：中胸腹板突起，11：♂前脛節，12：♀前脛節，13：♂交尾器背面，14：♂交尾器側面〕

雌雄の区別 触角片状部の長さによる．♂の頭楯はえぐれるように強く反り返るが，♀では反りが弱い．

生態 オオコフキコガネよりやや早く発生，より内陸に入り込んだ標高のある地域にまで分布する．

分布 本州，佐渡島，伊豆諸島（新島，神津島，三宅島）

381　オキナワコフキコガネ　　　　　　　　　　　　　　　　　　　　　　　　Melolonthini　コフキコガネ族
***Melolontha* (*Melolontha*) *masafumii* Nomura, 1952**

体長　27.0〜32.0 mm　　**特徴**　地色は暗赤褐色で黄白色の短剛毛におおわれる．額の点刻は頭楯より粗く不規則．♂の頭楯は♀より強く反る．♂尾節板は細く伸長，先端で小さく裁断されるか丸まるが，♀では伸長しない．♂後腿節はコフキコガネより太いが，♀では差はない．♂交尾器側片の側面に鋭い棘がある．〔1-4：♂，5：♀，6：♂頭部，7：♀頭部，8：♂後腿節，9：♀後腿節，10：前胸背板，11：♂尾節板，12：♀尾節板，13：♂前脛節，14：♀前脛節，15：♂交尾器背面，16：♂交尾器側面〕

雌雄の区別　♂は触角片状部が大きく，♀は小さい．♂前脛節は2外歯，♀は3外歯をそなえるが，第3外歯は痕跡的．
生態　夜間灯火によく集まるが，昼間の生態はあまり知られていない．

分布　宮古諸島（宮古島，多良間島），八重山諸島（石垣島，西表島）

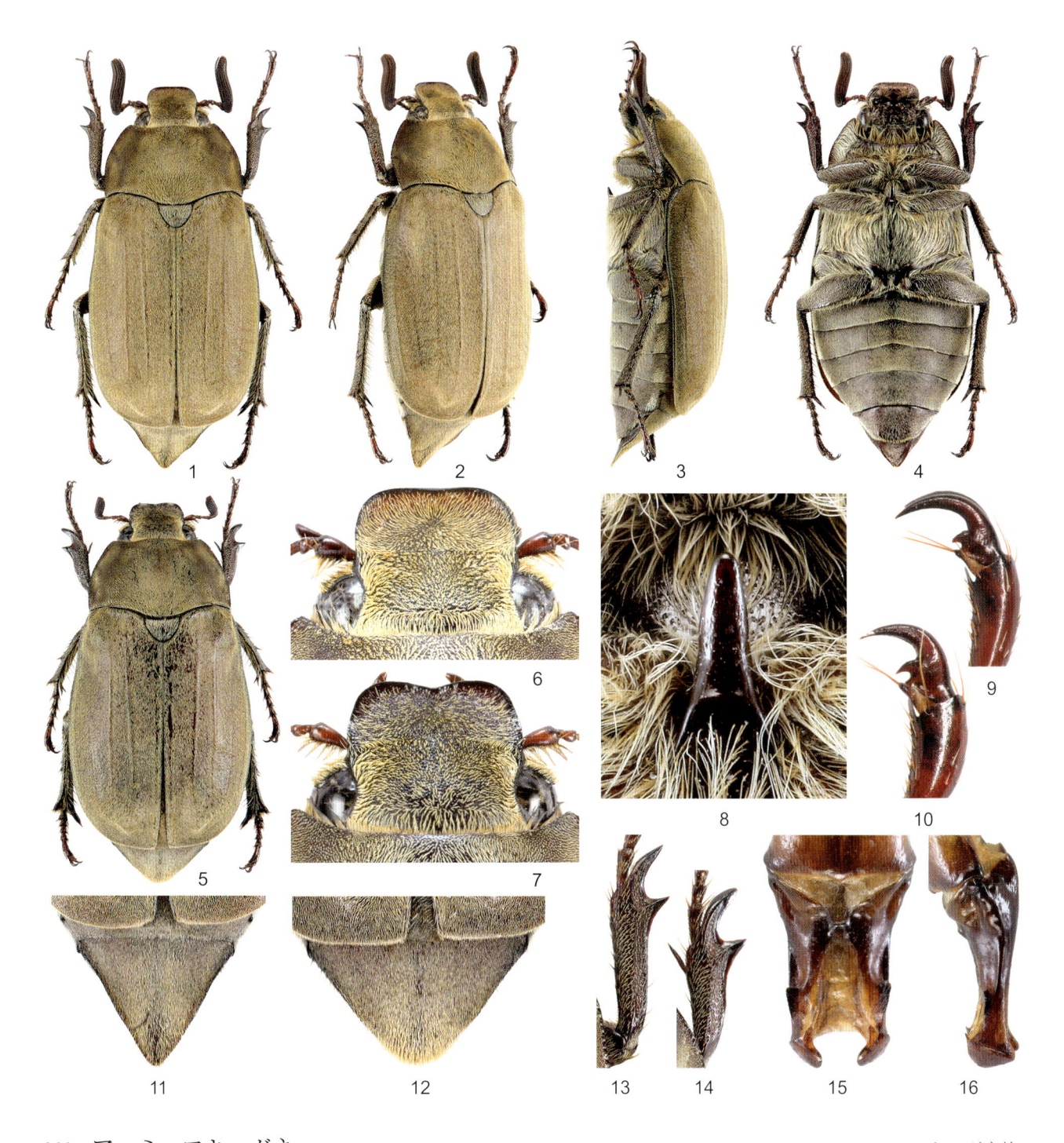

382 アマミコフキコガネ Melolonthini コフキコガネ族
***Melolontha* (*Melolontha*) *tamina* Nomura, 1964**

体長 28.0〜30.0 mm **特徴** オキナワコフキコガネに似る．前脛節の外歯は♂♀とも2外歯，♂の第1外歯はよく発達する．♂の尾節板の先端には丸みはなく，♀では丸みがある．♂交尾器側片の側面に鈍い棘をもつ．頭部の点刻が密で，♂の爪は特に強く曲がり下方を向く．中胸腹板突起は細長く突出し，尾節板先端は突出しないことでオキナワコフキコガネと区別できる．〔1-4：♂，5：♀，6：♂頭部，7：♀頭部，8：中胸腹板突起，9：♂前脚爪，10：♀前脚爪，11：♂尾節板，12：♀尾節板，13：♂前脛節，14：♀前脛節，15：♂交尾器背面，16：♂交尾器側面〕

雌雄の区別 触角片状部の長さによる．♀前脛節の第3外歯に相当する部分は膨出する．

生態 奄美大島では北部海岸で得られているのみで，ほとんど生態は分かっていない．

分布 奄美諸島（奄美大島，徳之島，喜界島）

383-1　サツマコフキコガネ　原名亜種　　　　　　　　　　　　　　　　　　　　Melolonthini　コフキコガネ族
***Melolontha* (*Melolontha*) *satsumaensis satsumaensis* Niijima et Kinoshita, 1923**

体長　25.5〜33.0 mm　**特徴**　コフキコガネに似る．♂尾節板はコフキコガネより伸長，先端で裁断されるかわずかに湾入．♀の尾節板はあまり伸長しない．♂前脛節は先端の1外歯のみか微小な第2外歯が現れる．四国亜種とは♂尾節板が大きく湾入しないことで区別できる．♂前脛節外歯の数と尾節板の形によるコフキコガネとの識別はしばしば安定性を欠くので，別な観点からの再検討が必要である．〔1-4：♂，5：♀，6：♂頭部，7：♀頭部，8：中胸腹板突起，9：♂尾節板，10：♀尾節板，11：♂前脛節，12：♀前脛節，13：♂交尾器背面，14：♂交尾器側面〕

雌雄の区別　触角片状部の長さによる．♂の頭楯は前縁で強く反り返るが，♀では反りが弱い．
生態　夜間灯火に集まる．日中クズなどの草本を食害し，クヌギ，クリなどの樹葉上でも見られる．

分布　九州，壱岐，五島列島，甑島列島，大隅諸島（種子島，屋久島）

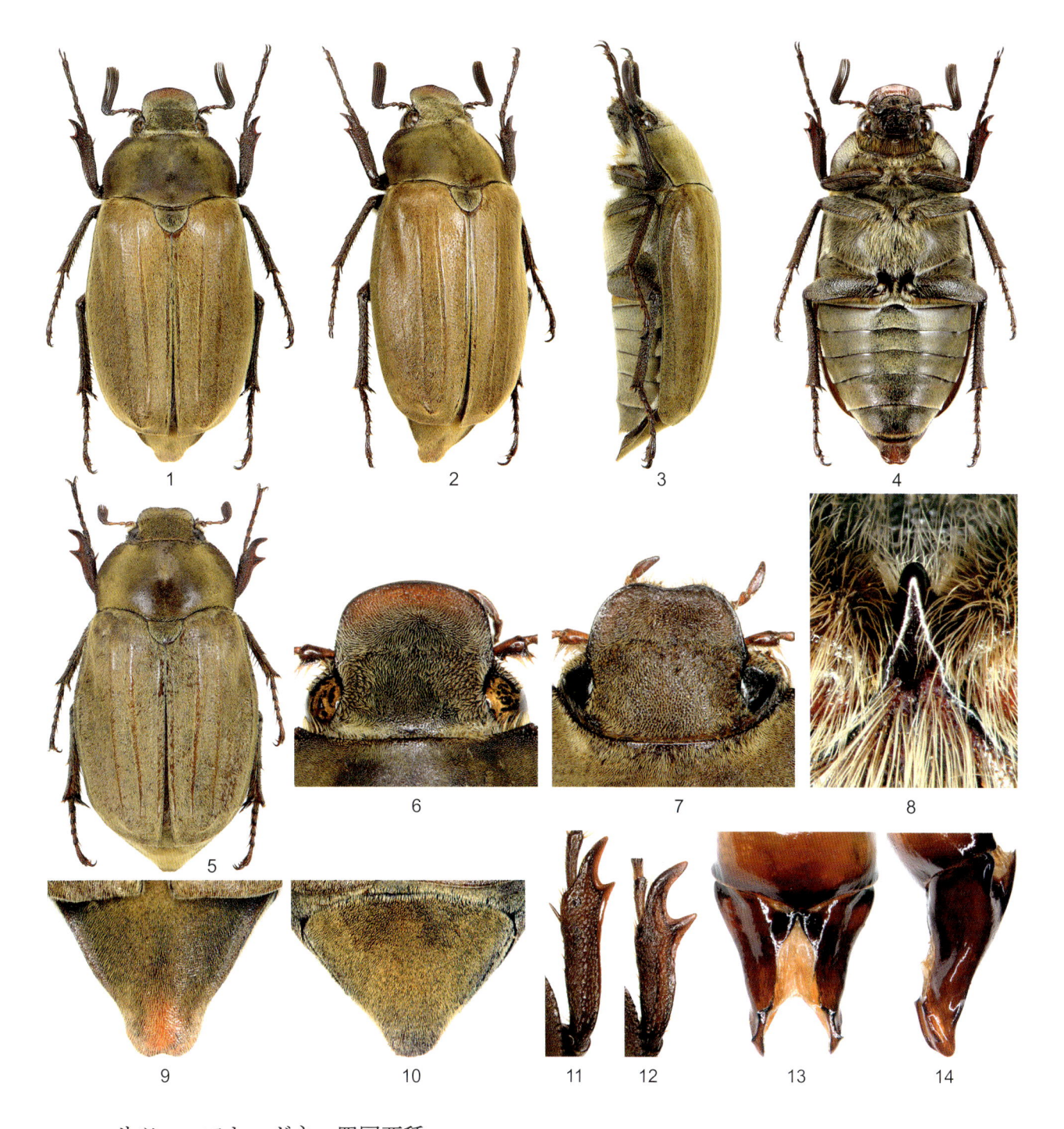

383-2　サツマコフキコガネ　四国亜種
Melolonthini　コフキコガネ族
Melolontha (*Melolontha*) *satsumaensis shikokuana* Nomura, 1977

体長　27.5〜33.0 mm　**特徴**　原名亜種やコフキコガネによく似る．♂尾節板は伸長し，先端では顕著に湾入．♂前脛節の先端の第1外歯は明瞭，第2外歯は明瞭か微弱，♀前脛節の第2外歯は明瞭で第3外歯は痕跡的か消失．コフキコガネやサツマコフキコガネ原名亜種との差異としての♂前脛節外歯の数と♂尾節板の形態には変異があるため，分類上の再検討が必要である．〔1-4：♂，5：♀，6：♂頭部，7：♀頭部，8：中胸腹板突起，9：♂尾節板，10：♀尾節板，11：♂前脛節，12：♀前脛節，13：♂交尾器背面，14：♂交尾器側面〕

雌雄の区別　触角片状部の長さの他，♂では頭楯がえぐられるように強く反り返るが，♀では反りが弱い．
生態　夜間灯火に集まる．
分布　四国

384 ケブカコフキコガネ

Melolonthini　コフキコガネ族

***Tricholontha papagena* Nomura, 1952**

体長 25.5〜31.5 mm　**特徴** 地色は赤褐色から暗黒褐色．黄白色剛毛におおわれる．両眼間の幅は狭い．後胸腹板は黄白色の長毛で密におおわれ，微小な中胸腹板突起をもつ．尾節板はやや丸みのある逆三角形状．♂前脛節は明瞭な2外歯，♀では痕跡的な第3外歯をもつことが多い．爪基部に微細な歯がある．奄美大島産は♂交尾器側片の形態がわずかに沖縄島産と異なる．〔1-4：♂，5：♀，6：♂（奄美大島産），7：頭部，8：前胸背板，9：尾節板，10：後胸腹板，11：♂前脛節，12：♀前脛節，13：♂交尾器背面，14：♂交尾器側面（6以外は沖縄島産）〕

雌雄の区別 ♂触角片状部は7節で長く屈曲，♀では短く6節．

生態 冬季に発生し，隔年で発生数に大きな波がある．幼虫はリュウキュウチク，サトウキビの根茎部を加害する．

分布 奄美諸島（奄美大島，徳之島），沖縄諸島（沖縄島，瀬底島，久米島）

385 ヒゲコガネ　原名亜種　　　　　　　　　　　　　　　　　　Melolonthini　コフキコガネ族
Polyphylla (*Gynexophylla*) *laticollis laticollis* **Lewis, 1887**

体長　29.2〜39.5 mm　**特徴**　地色は明るい褐色．頭部は長毛や黄白色の短剛毛（鱗片状毛）におおわれるが，前胸背板では短剛毛のみ．上翅では短剛毛が集合して著しい斑紋状になる．♂頭楯は前へ広がり，♀では前へ狭まる．後胸腹板は長毛でおおわれ，中基節間に突起はない．♂♀とも爪の基部には明瞭な垂直歯がある．〔1-4：♂，5：♀，6：♂尾節板，7：♂頭部，8：♀頭部，9：前胸背板，10：後胸腹板，11：前脚爪，12：♂前脛節，13：♀前脛節，14：♂交尾器背面，15：♂交尾器側面〕

雌雄の区別　♂は触角片状部が大きく，♀は小さい．♂の前脛節は2外歯，♀では3外歯．

生態　河川の砂地に深く潜って幼虫が越冬するのが確認されている．成虫はその河川周辺の灯火へ集まる．

分布　本州（関東以南），四国，九州

386　シロスジコガネ　　　　　　　　　　　　　　　　　　　　　　　　　　　　　　Melolonthini　コフキコガネ族
Polyphylla (*Granida*) *albolineata* (Motschulsky, 1861)

体長　27.0～35.0 mm　**特徴**　地色は明るい褐色．上翅に白色鱗片からなる3条紋をもつ．前胸背板側縁の突出は次種より弱い．♂前脚の内爪の歯は外爪の歯より大きく，中後脚では逆．♂交尾器側片は左右非対称．〔1-4：♂，5：♀，6：♂頭部，7：♀頭部，8：後胸腹板，9：♂前脚爪，10：♀前脚爪，11：尾節板，12：前胸背板，13：♂前脛節，14：♀前脛節，15：♂交尾器右側面，16：♂交尾器左側面〕

雌雄の区別　触角片状部による．♂頭楯は強く広がり前縁で反るが，♀では広がらず前縁で反らない．♂の各脚の内外爪間で内歯の大きさが異なるが，♀では同じ．♂の前脛節外歯は1歯，♀で2～3外歯を有する．

生態　夕刻，砂浜と松林をともなう海岸を飛び回り，海岸近くの灯火で得られることが多い．

分布　北海道，本州，佐渡島，伊豆諸島（大島，新島，神津島，三宅島），四国，九州，壱岐，五島列島，対馬，屋久島

387 オキナワシロスジコガネ
Polyphylla (*Granida*) *schoenfeldti* Brenske, 1890

Melolonthini　コフキコガネ族

体長 28.0〜32.0 mm　**特徴** 地色は明るい褐色．上翅に白色鱗片からなる3条紋をもつ．シロスジコガネに似るが，頭楯は♂♀とも丸みが乏しく，前胸背板の側縁部の突出は強く，側縁後半は明瞭に湾入．♂交尾器側片の形も異なる．側片は左右非対称．〔1-4：♂，5：♀，6：♂頭部，7：♀頭部，8：後胸腹板，9：♂前脚爪，10：♀前脚爪，11：♂尾節板，12：前胸背板，13：♂前脛節，14：♀前脛節，15：♂交尾器右側面，16：♂交尾器左側面〕

雌雄の区別 触角片状部による．♂の各脚の内外爪間で内歯の大きさが異なるが，♀では同じ．♂の前脛節外歯は1歯，♀で2〜3外歯を有する．

生態 海岸近くの灯火で得られることが多い．沖縄島では3月ごろから内陸部でも発生する．

分布 トカラ列島（諏訪瀬島，宝島），奄美諸島，沖縄諸島

索 引　INDEX

Family, Subfamily 科・亜科

- M -
MELOLONTHINAE (コフキコガネ亜科) -------------------- 22

- S -
SCARABAEIDAE (コガネムシ科) ---------------------------- 22
SCARABAEOIDEA (コガネムシ上科) ------------------------ 22

Tribe, Subtribe 族・亜族

- D -
DIPLOTAXINI (カンショコガネ族) -------------------------- 125

- H -
HOPLIINI (アシナガコガネ族) -------------------------------- 22

- M -
MELOLONTHINA (コフキコガネ亜族) --------------------- 157
MELOLONTHINI (コフキコガネ族) ------------------------- 133

- R -
RHIZOTROGINA (クロコガネ亜族) -------------------------- 133

- S -
SERICINI (ビロウドコガネ族) --------------------------------- 31

Genus, Subgenus, group 属・亜属・種群

- A -
Apogonia Kirby, 1818 -- 125
angulata (*Sericania*) -- 93

- B -
Brahmina Blanchard, [1851] ---------------------------------- 154

- D -
Dasylepida Moser, 1913 --------------------------------------- 157

- E -
Ectinohoplia Redtenbacher, 1868 ----------------------------- 27
Euchromoplia Medvedev, 1952 -------------------------------- 22
Eumaladera Nomura, 1967 ------------------------------------ 57

- F -
fuscolineata (*Sericania*) ------------------------------------ 113

- G -
Gastromaladera Nomura, 1973 ------------------------------- 64
Gastroserica Brenske, 1897 ---------------------------------- 62
Granida Motschulsky, 1861 ---------------------------------- 166
Gynexophylla Medvedev, 1951 ------------------------------- 165

- H -
Heptophylla Motschulsky, 1857 ------------------------------ 155
Hexataenius Fairmaire, 1891 -------------------------------- 153
Hilyotrogus Fairmaire, 1886 -------------------------------- 156
Hoplia Illiger, 1803 -- 22
Hoplomaladera Nomura, 1974 ------------------------------- 61
Holotrichia Hope, 1837 -------------------------------------- 135

- M -
Maladera Mulsant et Rey [1871] ---------------------------- 31
Melolontha Fabricius, 1775 --------------------------------- 158
Miridiba Reitter, 1902 -------------------------------------- 133

- N -
Nipponoserica Nomura, 1973 -------------------------------- 87

- P -
Pachyserica Brenske, 1897 ---------------------------------- 66
Paraserica Reitter, 1896 ------------------------------------ 65
Pollaplonyx Waterhouse, 1875 ------------------------------ 147
Polyphylla Harris, 1841 ------------------------------------ 165

- Q -
quadrifoliata (*Sericania*) --------------------------------- 102

- S -
sachalinensis (*Sericania*) --------------------------------- 97
Serica MacLeay, 1819 --------------------------------------- 67
Sericania Motschulsky, 1860 ------------------------------- 93
Sophrops Fairmaire, 1887 ---------------------------------- 148

- T -
Tricholontha Nomura, 1952 --------------------------------- 164

species, subspecies 種・亜種

- A -
aikyoi (=*galloisi*) (*Sericania*)	112
akitai (=*ohirai*) (*Sericania*)	95
albolineata (*Polyphylla*)	166
alternata (*Sericania*)	107
amamiana (*Holotrichia*)	135
amamiana (*Maladera*)	46
amida (*Apogonia*)	125
angulata (*Sericania*)	93
aritai (*Holotrichia*)	143
awana (*Sericania*)	109

- B -
babai (=*galloisi*) (*Sericania*)	112
bicarinata (*Apogonia*)	126
bicavata (*Apogonia*)	131
boops (*Serica*)	77
brevicornis (*Gastroserica*)	62
brevitarsis (*Serica*)	70, 71

– C –
cariniceps (*Maladera*)	37
castanea (*Maladera*)	54
castanea (*Miridiba*)	133
chikuzensis (*Sericania*)	111
communis (*Hoplia*)	22
convexopyga (*Holotrichia*)	136
cupreoviridis (*Apogonia*)	127

– D –
daisensis (*Nipponoserica*)	89
danjoensis (*Holotrichia*)	137
diomphalia (*Holotrichia*)	142

- E -
echigoana (*Serica*)	79
ejimai (*Maladera*)	41
elongata (*Sericania*)	101
ezoensis (*Sericania*)	119

- F -
flavidus (*Pollaplonyx*)	147
foobowana (*Serica*)	84
frater (*Melolontha*)	158
fulgida (*Sericania*)	121
fuscolineata (*Sericania*)	118, 119, 120, 121

- G -
galloisi (*Sericania*)	112
gomadana (*Nipponoserica*)	88
gracilipes (*Ectinohoplia*)	27
grisea (*Paraserica*)	65

- H -
hakonensis (*Hoplia*)	24
hidana (*Sericania*)	99
higonia (*Gastroserica*)	63
hiranoi (=*okinoerabuana*) (*Maladera*)	51
hiranoi (=*opaca*) (*Sericania*)	103
hirosei (=*otakei*) (*Sericania*)	113
hirsuta (*Miridiba*)	134
holosericea (*Maladera*)	35
honshuensis (*Serica*)	75
horii (*Maladera*)	33

- I -
imadatei (=*otakei*) (*Sericania*)	113
imasakai (*Maladera*)	42
impressithorax (*Maladera*)	50
inadai (*Maladera*)	48
incurvata (*Serica*)	72
ishigakiensis (*Dasylepida*)	157
ishiharai (*Apogonia*)	129

- J -
japonica (*Maladera*)	31
japonica (*Melolontha*)	159

- K -
kadowakii (*Sericania*)	117
kamiyai (=*hidana*) (*Sericania*)	99
kamiyai (*Apogonia*)	128
kamiyai (*Maladera*)	45
karafutoensis (*Serica*)	74, 75
kawadai (*Sophrops*)	148, 149
kawaharai (*Maladera*)	52
kawaii (*Maladera*)	39
kiotonensis (*Holotrichia*)	140
kirai (*Sericania*)	105
kobayashii (*Sericania*)	96
kompira (*Sericania*)	115
konishii (*Sophrops*)	150, 151
koraiensis (*Holotrichia*)	144
kunigami (*Maladera*)	43
kunitachiana (*Nipponoserica*)	92
kurosawai (*Serica*)	76
kusuii (*Maladera*)	53

- L -
laticollis (*Polyphylla*)	165
lewisi (*Sericania*)	123
loochooana (*Holotrichia*)	138, 139

- M -
major (*Apogonia*)	130, 131
major (*Gastromaladera*)	64
marginata (*Sericania*)	124
masafumii (*Melolontha*)	160
matsuyamana (=*mimica mimica*) (*Sericania*)	114
matusitai (*Sericania*)	116
mimica (*Sericania*)	114, 115
minuscula (*Sericania*)	120
miyakei (*Sericania*)	108
moerens (*Hoplia*)	25

– N –
nigrovariata (*Serica*)	69
nipponica (*Serica*)	78
nitidiceps (=*pilosa*) (*Serica*)	67
nitidiceps (*Maladera*)	57
nitididorsis (*Maladera*)	58, 59
nitididorsis (*Serica*)	82, 83

- O -
obducta (*Ectinohoplia*) ------------------------------------- 28
ohirai (*Sericania*) --- 95
ohtakei (*Sericania*) --------------------------------------- 113
okinawaensis (*Maladera*) ------------------------------------ 49
okinawaensis (*Sophrops*) ----------------------------------- 149
okinawana (*Holotrichia*) ----------------------------------- 139
okinoerabuana (*Maladera*) ----------------------------------- 51
ootsuboi (*Maladera*) -- 59
opaca (*Sericania*) --- 103
opacidorsis (*Serica*) --------------------------------------- 83
opima (*Maladera*) --- 40
orientalis (*Maladera*) -------------------------------------- 36
oshimana (*Maladera*) -- 38
otsukai (=*serripes*) (*Sericania*) ------------------------- 104
ovata (*Serica*) --- 86

- P -
papagena (*Tricholontha*) ----------------------------------- 164
parallela (*Holotrichia*) ----------------------------------- 145
peregrina (*Nipponoserica*) ---------------------------------- 87
picea (*Heptophylla*) --------------------------------------- 155
picea (*Holotrichia*) --------------------------------------- 146
pilosa (*Serica*) -- 67
planifrons (*Serica*) -- 81
protensus (*Hexataenius*) ----------------------------------- 153
pubiventris (*Nipponoserica*) -------------------------------- 90

- Q -
quadrifoliata (*Sericania*) --------------------------------- 102

- R -
rectipes (*Serica*) -- 71
reinii (*Hoplia*) -- 23
renardi (*Maladera*) --- 34
rosinae (*Serica*) --- 76
rufipes (*Ectinohoplia*) ------------------------------------- 30

- S -
sachalinensis (*Sericania*) ---------------------------------- 97
saitoi (*Hoplomaladera*) ------------------------------------- 61
sakishimana (*Brahmina*) ------------------------------------ 154
satoi (*Maladera*) --- 55
satsumaensis (*Melolontha*) ----------------------------- 162, 163
schoenfeldti (*Polyphylla*) --------------------------------- 167
secreta (*Maladera*) --- 56
serripes (*Sericania*) -------------------------------------- 104
setiventris (=*similis*) (*Nipponoserica*) ------------------- 91
shibuyai (=*major bicavata*) (*Apogonia*) ------------------- 131
shikokuana (*Melolontha*) ----------------------------------- 163
shikokuana (*Sericania*) ------------------------------------- 94
shirakii (*Hoplia*) -- 26
similis (*Nipponoserica*) ------------------------------------ 91
sinuata (*Sericania*) -- 98

- T -
takagii (*Serica*) --- 68
takatoshii (*Sophrops*) ------------------------------------- 152
tamina (*Melolontha*) --------------------------------------- 161
tanigawaensis (*Apogonia*) ---------------------------------- 132
tohokuensis (*Sericania*) ----------------------------------- 110
tokara (*Holotrichia*) -------------------------------------- 141
tokejii (*Serica*) --- 80
tokunoshimana (*Maladera*) ----------------------------------- 47
trichofemorata (*Serica*) ------------------------------------ 85

– Y –
yaeyamana (*Maladera*) --------------------------------------- 32
yakushimana (*Maladera*) ------------------------------------- 44
yamauchii (*Sericania*) ------------------------------------- 106
yamayai (*Sericania*) --------------------------------------- 100
yanoi (*Pachyserica*) -- 66
yasuii (*Hilyotrogus*) -------------------------------------- 156
yonaguniensis (*Maladera*) ----------------------------------- 60
yonaguniensis (*Sophrops*) ---------------------------------- 151
yoshidai (*Serica*) -- 73

和名索引

- ア -
アイキョウチャイロコガネ (=ガロアチャイロコガネ) --- 112
アカチャコガネ --- 154
アカビロウドコガネ --- 54
アシナガコガネ --- 22
アシマガリビロウドコガネ --- 72
アマミクロコガネ --- 135
アマミコフキコガネ --- 161
アマミヒメクロコガネ　沖縄亜種 --- 149
アマミヒメクロコガネ　原名亜種 --- 148
アマミビロウドコガネ --- 46
アリタクロコガネ --- 143
アワチャイロコガネ --- 109

- イ -
イシハラカンショコガネ --- 129
イツツバクロチャイロコガネ --- 103
イノカワダケビロウドコガネ --- 47
イヘヤジマビロウドコガネ --- 53
イマダテチャイロコガネ (=オオタケチャイロコガネ) --- 113
イワワキビロウドコガネ (=カバイロビロウドコガネ) --- 91

- ウ -
ウルマビロウドコガネ --- 52

- エ -
エゾチャイロコガネ --- 98
エゾビロウドコガネ　原名亜種 --- 74
エゾビロウドコガネ　本州亜種 --- 75
エチゴビロウドコガネ --- 79

- オ -
オオカンショコガネ　奄美・沖縄亜種 --- 131
オオカンショコガネ　原名亜種 --- 130
オオキイロコガネ --- 147
オオクロコガネ --- 145
オオコフキコガネ　原名亜種 --- 158
オオシマビロウドコガネ --- 64
オオタケチャイロコガネ --- 113
オオツカチャイロコガネ
　(=スジアシクロチャイロコガネ) --- 104
オオヒラチャイロコガネ --- 95
オオビロウドコガネ --- 34
オオマルビロウドコガネ --- 40
オキチャイロコガネ --- 117
オキナワコフキコガネ --- 160
オキナワシロスジコガネ --- 167
オキナワビロウドコガネ --- 49
オキノエラブビロウドコガネ --- 51

- カ -
カバイロアシナガコガネ --- 30
カバイロビロウドコガネ --- 91
カミヤカンショコガネ --- 128
カミヤチャイロコガネ (=ヒダチャイロコガネ) --- 99
カミヤビロウドコガネ --- 45
カラフトチャイロコガネ --- 97
ガロアチャイロコガネ --- 112
カワイビロウドコガネ --- 39

- キ -
キイロアシナガコガネ --- 27
キラチャイロコガネ --- 105

- ク -
クニガミビロウドコガネ --- 43
クニタチビロウドコガネ --- 92
クリイロコガネ --- 133
クロアシナガコガネ --- 25
クロコガネ --- 140
クロサワビロウドコガネ　屋久島亜種 --- 76
クロスジチャイロコガネ　原名亜種 --- 118
クロスジチャイロコガネ　北海道亜種 --- 119
クロスジチャイロコガネ　九州亜種 --- 120
クロスジチャイロコガネ　本州・四国亜種 --- 121
クロチャイロコガネ --- 93
クロホシビロウドコガネ --- 69

- ケ -
ケブカアカチャコガネ --- 157
ケブカコフキコガネ --- 164
ケブカビロウドコガネ --- 67

- コ -
コクロコガネ --- 146
コトヒラチャイロコガネ
　(=ナエドコチャイロコガネ　四国亜種) --- 115
コバヤシチャイロコガネ --- 96
コヒゲシマビロウドコガネ --- 62
コヒゲナガビロウドコガネ　原名亜種 --- 70
コヒゲナガビロウドコガネ　西日本亜種 --- 71
コフキコガネ --- 159
ゴマダンビロウドコガネ --- 88
コンピラチャイロコガネ
　(=ナエドコチャイロコガネ　四国亜種) --- 115

- サ -
サツマコフキコガネ　原名亜種 --- 162
サツマコフキコガネ　四国亜種 --- 163

- シ -
シコクチャイロコガネ --- 94
シブヤカンショコガネ
　(=オオカンショコガネ　奄美・沖縄亜種) --- 131
シラキアシナガコガネ --- 26
シロスジコガネ --- 166

- ス -
スジアシクロチャイロコガネ --- 104
スジビロウドコガネ --- 37

- セ -
セスジチャイロコガネ (=フチグロチャイロコガネ) --- 124

- タ -
ダイセンビロウドコガネ --- 89
タニガワカンショコガネ --- 132
ダンジョクロコガネ --- 137
ダンジョビロウドコガネ --- 41

- チ -
チクゼンチャイロコガネ --- 111
チビビロウドコガネ --- 57
チョウセンカンショコガネ --- 127
チョウセンクロコガネ --- 142

－ツ－
ツヤケシビロウドコガネ ---------- 81
ツヤズヒゲナガビロウドコガネ（=ケブカビロウドコガネ）
　---------- 67
ツヤビロウドコガネ　原名亜種 ---------- 58
ツヤズビロウドコガネ　原名亜種
　（=ツヤビロウドコガネ　原名亜種）---------- 58
ツヤビロウドコガネ　徳之島亜種 ---------- 59
ツヤズビロウドコガネ　徳之島亜種
　（=ツヤビロウドコガネ　徳之島亜種）---------- 59

－ト－
トウホクチャイロコガネ ---------- 110
トカラクロコガネ ---------- 141
トカラビロウドコガネ ---------- 55
トクノシマビロウドコガネ（=オキノエラブビロウドコガネ）
　---------- 51
トケジビロウドコガネ ---------- 80

－ナ－
ナエドコチャイロコガネ　原名亜種 ---------- 114
ナエドコチャイロコガネ　四国亜種 ---------- 115
ナガチャコガネ ---------- 155

－ニ－
ニセヤエヤマビロウドコガネ ---------- 33

－ハ－
ハイイロビロウドコガネ ---------- 65
ハコネアシナガコガネ ---------- 24
ババチャイロコガネ（=ガロアチャイロコガネ） ---------- 112
ハラグロビロウドコガネ ---------- 68
ハラゲビロウドコガネ ---------- 90

－ヒ－
ヒゲコガネ　原名亜種 ---------- 165
ヒゲナガクロコガネ ---------- 153
ヒゲナガビロウドコガネ ---------- 77
ヒゴシマビロウドコガネ ---------- 63
ヒダチャイロコガネ ---------- 99
ヒバチャイロコガネ（=オオタケチャイロコガネ） ---------- 113
ヒメアシナガコガネ ---------- 28
ヒメアマミビロウドコガネ ---------- 48
ヒメカンショコガネ ---------- 125
ヒメビロウドコガネ ---------- 36
ヒラタチャイロコガネ ---------- 107
ヒラノチャイロコガネ（=イツツバクロチャイロコガネ）
　---------- 103
ビロウドアカチャコガネ ---------- 156
ビロウドコガネ ---------- 31

－フ－
フウボビロウドコガネ ---------- 84
フジワラチャイロコガネ（=オオヒラチャイロコガネ） ---------- 95
フタスジカンショコガネ ---------- 126
フチグロチャイロコガネ ---------- 124

－ホ－
ホクセンオオチャイロコガネ（=ホクセンクロコガネ） ---------- 144
ホクセンクロコガネ ---------- 144
ホソチャイロコガネ ---------- 101
ホソヒゲナガビロウドコガネ　原名亜種 ---------- 82
ホソヒゲナガビロウドコガネ　本州・四国亜種 ---------- 83
ホソビロウドコガネ ---------- 35

－マ－
マツシタチャイロコガネ ---------- 116
マツヤマチャイロコガネ
　（=ナエドコチャイロコガネ　原名亜種）---------- 114
マルオクロコガネ ---------- 136
マルガタビロウドコガネ　原名亜種 ---------- 56
マルヒゲナガビロウドコガネ ---------- 86

－ミ－
ミゾビロウドコガネ ---------- 61
ミヤケチャイロコガネ ---------- 108
ミヤコヒメクロコガネ ---------- 152

－ム－
ムナクボビロウドコガネ ---------- 50

－モ－
モモケビロウドコガネ ---------- 85

－ヤ－
ヤエヤマクリイロコガネ ---------- 134
ヤエヤマヒメクロコガネ　原名亜種 ---------- 150
ヤエヤマヒメクロコガネ　与那国島亜種 ---------- 151
ヤエヤマビロウドコガネ ---------- 32
ヤクシマビロウドコガネ ---------- 44
ヤノウスグモビロウドコガネ ---------- 66
ヤマウチチャイロコガネ ---------- 106
ヤマトビロウドコガネ ---------- 78
ヤンバルビロウドコガネ ---------- 42

－ヨ－
ヨシダビロウドコガネ ---------- 73
ヨツバクロチャイロコガネ ---------- 102
ヨナグニチビビロウドコガネ ---------- 60

－ラ－
ラインアシナガコガネ ---------- 23

－リ－
リュウキュウクロコガネ　沖縄亜種 ---------- 139
リュウキュウクロコガネ　原名亜種 ---------- 138
リュウキュウビロウドコガネ ---------- 38

－ル－
ルイスチャイロコガネ ---------- 123

－レ－
レンゲチャイロコガネ ---------- 100

－ワ－
ワタリビロウドコガネ ---------- 87

分　担

■画像
各部位の名称（川井　信矢）
図解検索（川井　信矢）
同定ガイド（川井　信矢）

すべてのプレート（川井　信矢）

■撮影機材
Canon EOS 40D,
　　MACRO EF 100mm + Leica MZ16
　　MP-E 65mm, MACRO EF 100mm（川井　信矢）

■深度合成ソフト
Helicon Focus 5.0 for Windows（川井　信矢）

■監修
コガネムシ研究会
（藤岡　昌介・今坂　正一・楠井　善久・堀　繁久・
　堀口　徹）

■編集
全般（川井　信矢）
画像処理全般（Robert Lizler）
テキストデータ処理（西野　洋樹）

■解説
各部位の名称（小林　裕和・松本　武）
図解検索
　　コフキコガネ亜科の族の検索（松本　武）
　　その他の検索は亜科ごとの各担当者

アシナガコガネ族（松本　武）
ビロウドコガネ族（小林　裕和）
カンショコガネ族（松本　武）
コフキコガネ族（松本　武）

■デザイン・構成
レイアウト全般及び表紙（川井　信矢）
中表紙「闇夜に飛び立つケブカコフキコガネ」
（Pascal Stefani）

■主な使用標本とその準備
アシナガコガネ族（松本　武・藤岡　昌介・川井　信矢)
ビロウドコガネ族（小林　裕和・藤岡　昌介・川井　信矢・
　　　　　　　　河原　正和）
カンショコガネ族（松本　武・藤岡　昌介・川井　信矢・
　　　　　　　　河原　正和）
コフキコガネ族（松本　武・藤岡　昌介・川井　信矢・
　　　　　　　河原　正和）
展脚・交尾器処理（川井　信矢・河原　正和）

著 者

AUTHOR

小林　裕和
Hirokazu KOBAYASHI

1953年3月15日生
東京都練馬区在

■所属する会
コガネムシ研究会幹事
日本甲虫学会
■現職
松蔭中学・高等学校　教諭

　コガネムシを集め始めて早いもので40年にもなる．最初に，昆虫についての手ほどきを受けたのは，高校生のとき生物部の顧問をなさっていた野村鎮先生からであった．その当時は，先生が甲虫の世界で有名な方だということは知らなかったが，在学中もご一緒にあちらこちら採集にも出かけ，いろいろとコガネムシのことを教えていただいた．先生は私に「あまり虫好きになるな．教師になるな」とよく言われていた．だいたい，教師は儲からないし，まして虫じゃ食べていけないよ，と伝えたかったのだろうが，先生の意に反して現在「虫好きの教師」をしている．大学では，昆虫学研究室に入り沢田玄正先生から直接に指導を受けることができた．振り返って見れば，日本を代表するコガネムシの大家お二人から学生時代を通して直接，ご指導を受けたことになる．大変に貴重な得難い体験をしたことが，小さな自慢でもある．
　今回の図鑑では，同定が難しいとされるビロウドコガネ類について担当することになった．この本を通して，少しでもこのグループへの興味と理解を深めていただくことができれば幸いである．

AUTHOR

松本　武
Takeshi MATSUMOTO

1959年11月10日生
大阪府大阪市在

■所属する会
コガネムシ研究会幹事
日本甲虫学会　The Coleopterists Society
■現職
㈱大月真珠

　コガネムシ上科図説 第1巻が出版される前，私はすぐれた糞虫図鑑が完成するのだろうと思っていた．しかし，宣伝の中に"第1巻"とあるのを見た時，これが日本産コガネムシ上科全体の図鑑を作る計画であることに初めて気がついた．何らかのお手伝いの話が来るのではと不安に思っていたが，その不安は的中し，その後第3巻を執筆して欲しい旨の依頼を頂き，図鑑を手がけることになってしまった．
　25年ほど前，私は分類上でも生態上でも最も未開であったコフキコガネ亜科を開拓しようと考え，ここに足を踏み入れた．当初から興味は東南アジアにあってコガネムシ採集のため南西諸島を訪れたことは一度もない．そのため自らの南西諸島産コガネムシ標本の欠落は著しく，そこへ執筆依頼が来たために，コガネムシ研究会の会長をはじめいかに多くの同好者の方の御好意に頼らざるを得なかったかは想像に難くないと思う．こうした困難を経てようやく図説の完成に至ったのだが，なおも解決しがたい多くの問題を含んでいることは理解していただけると思う．
　この図説を種同定の補助として利用していただくだけでも嬉しいのだが，さらに一歩進んでこの図説の発行が契機となり，様々な角度から解明の遅れたコフキコガネ亜科の研究を手がけようという方が現れるなら，それを願わずにはいられない．

Atlas of Japanese Scarabaeoidea Vol.3 Phytophagous group II
ISBN 978-4-902649-04-8

Date of publication : February 1st, 2011   1st print
Authors : Kobayashi, H. and Matsumoto, T.
Editorial Supervisor : The Japanese Society of Scarabaeoideans (Tokyo, Japan)
Printed by TAITA Publishers (Czech Republic)
Published by Roppon-Ashi Entomological Books (Tokyo, Japan)
　Sanbanchō MY building, Sanbanchō 24-3, Chiyoda-ku, Tokyo, 102-0075 JAPAN
　Phone: +81-3-6825-1164   Fax: +81-3-5213-1600
　URL: http://kawamo.co.jp/roppon-ashi/
　E-MAIL: roppon-ashi@kawamo.co.jp
Retail price: JPY19,000

Copyright©2011 Roppon-Ashi Entomological Books
All rights reserved. No part or whole of this publication may be reproduced
without written permission of the publisher.

日本産コガネムシ上科図説　第3巻 食葉群 II
ISBN 978-4-902649-04-8

発行日：　2011年2月1日　第1刷
著　者：　小林 裕和・松本 武　共著
監　修：　コガネムシ研究会
印　刷：　TAITA Publishers (Czech Republic)
発行者：　川井 信矢
　　　　　昆虫文献 六本脚
　　　　　〒102-0075　東京都千代田区三番町24-3　三番町MYビル
　　　　　TEL: 03-6825-1164　FAX: 03-5213-1600
　　　　　URL: http://kawamo.co.jp/roppon-ashi/
　　　　　E-MAIL: roppon-ashi@kawamo.co.jp
定　価：　19,000円（消費税込）

　本書の一部あるいは全部を無断で複写複製することは，法律で認められた場合を除き，
著作権者および出版社の権利侵害となります．あらかじめ小社あて許諾をお求め下さい．